SOLIDWORKS®公司官方指定培训教程

CSWP　　　全球专业认证考试培训教程

官方指定

TRAINING

# SOLIDWORKS®
# Flow Simulation教程
## （2022版）

[美] DS SOLIDWORKS®公司　著

(DASSAULT SYSTEMES SOLIDWORKS CORPORATION)

戴瑞华　主编

杭州新迪数字工程系统有限公司　编译

机械工业出版社

CHINA MACHINE PRESS

《SOLIDWORKS® Flow Simulation 教程（2022版）》是根据 DS SOLID-WORKS®公司发布的《SOLIDWORKS® 2022：SOLIDWORKS Flow Simulation》编译而成的。Flow Simulation 是一款计算流体力学（CFD）的软件，该软件与 SOLIDWORKS 紧密集成，使得 CAD 和 CFD 到达了无缝集成的效果。设计师在 SOLIDWORKS 中设计的模型，可以直接用于流体仿真。

本教程全面介绍了 SOLIDWORKS Flow Simulation 软件的界面和分析流程，并结合多个经典实例展现了软件的强大功能。本教程按照流体仿真的步骤进行编排，包括新建一个项目的大概流程、网格划分的细节、热分析、外部流动瞬态分析、共轭传热、EFD 缩放等实例。本教程提供练习文件下载，详见"本书使用说明"。本教程提供高清语音教学视频，扫描书中二维码即可免费观看。

本教程在保留了英文原版教程精华和风格的基础上，按照中国读者的阅读习惯进行编译，配套教学资料齐全，适合企业工程设计人员和大专院校、职业技术院校相关专业师生使用。

北京市版权局著作权合同登记　图字：01-2022-3102 号。

**图书在版编目（CIP）数据**

SOLIDWORKS® Flow Simulation 教程：2022 版/美国 DS SOLIDWORKS®公司著；戴瑞华主编. —北京：机械工业出版社，2022.11（2025.1 重印）
SOLIDWORKS®公司官方指定培训教程　CSWP 全球专业认证考试培训教程
　ISBN 978-7-111-71516-0

Ⅰ.①S…　Ⅱ.①美…②戴…　Ⅲ.①计算流体力学 – 计算机仿真 – 应用软件　Ⅳ.①O35

中国版本图书馆 CIP 数据核字（2022）第 163235 号

机械工业出版社（北京市百万庄大街 22 号　邮政编码 100037）
策划编辑：张雁茹　　　　责任编辑：张雁茹　王振国
责任校对：潘　蕊　王明欣　责任印制：邓　博
北京盛通数码印刷有限公司印刷
2025 年 1 月第 1 版第 2 次印刷
184mm×260mm·14.75 印张·403 千字
标准书号：ISBN 978-7-111-71516-0
定价：59.80 元

电话服务　　　　　　　　　网络服务
客服电话：010 – 88361066　　机　工　官　网：www.cmpbook.com
　　　　　010 – 88379833　　机　工　官　博：weibo.com/cmp1952
　　　　　010 – 68326294　　金　书　网：www.golden – book.com
**封底无防伪标均为盗版**　　机工教育服务网：www.cmpedu.com

# 序

尊敬的中国 SOLIDWORKS 用户：

DS SOLIDWORKS®公司很高兴为您提供这套最新的 SOLIDWORKS®中文官方指定培训教程。我们对中国市场有着长期的承诺，自从 1996 年以来，我们就一直保持与北美地区同步发布 SOLIDWORKS 3D 设计软件的每一个中文版本。

我们感觉到 DS SOLIDWORKS®公司与中国用户之间有着一种特殊的关系，因此也有着一份特殊的责任。这种关系是基于我们共同的价值观——创造性、创新性、卓越的技术，以及世界级的竞争能力。这些价值观一部分是由公司的共同创始人之一李向荣（Tommy Li）先生所建立的。李向荣先生是一位华裔工程师，他在定义并实施我们公司的关键性突破技术以及在指导我们的组织开发方面起到了很大的作用。

作为一家软件公司，DS SOLIDWORKS®致力于带给用户世界一流水平的 3D 解决方案（包括设计、分析、产品数据管理、文档出版与发布），以帮助设计师和工程师开发出更好的产品。我们很荣幸地看到中国用户的数量在不断增长，大量杰出的工程师每天使用我们的软件来开发高质量、有竞争力的产品。

目前，中国正在经历一个迅猛发展的时期，从制造服务型经济转向创新驱动型经济。为了继续取得成功，中国需要相配套的软件工具。

SOLIDWORKS® 2022 是我们最新版本的软件，它在产品设计过程自动化及改进产品质量方面又提高了一步，该版本提供了许多新的功能和更多提高生产率的工具，可帮助机械设计师和工程师开发出更好的产品。

现在，我们提供了这套中文官方指定培训教程，体现出我们对中国用户长期持续的承诺。这些教程可以有效地帮助您把 SOLIDWORKS® 2022 软件在驱动设计创新和工程技术应用方面的强大威力全部释放出来。

我们为 SOLIDWORKS 能够帮助提升中国的产品设计和开发水平而感到自豪。现在您拥有了功能丰富的软件工具以及配套教程，我们期待看到您用这些工具开发出创新的产品。

Gian Paolo Bassi

DS SOLIDWORKS®公司首席执行官

2022 年 2 月

戴瑞华　现任 DS SOLIDWORKS®公司大中国区 CAD 事业部高级技术经理

戴瑞华先生拥有 25 年以上机械行业从业经验，曾服务于多家企业，主要负责设备、产品、模具以及工装夹具的开发和设计。其本人酷爱 3D CAD 技术，从 2001 年开始接触三维设计软件，并成为主流 3D CAD SOLIDWORKS 的软件应用工程师，先后为企业和 SOLIDWORKS 社群培训了成百上千的工程师。同时，他利用自己多年的企业研发设计经验，总结出了在中国的制造业企业应用 3D CAD 技术的最佳实践方法，为企业的信息化与数字化建设奠定了扎实的基础。

戴瑞华先生于 2005 年 3 月加入 DS SOLIDWORKS®公司，现负责 SOLIDWORKS 解决方案在大中国地区的技术培训、支持、实施、服务及推广等，实践经验丰富。其本人一直倡导企业构建以三维模型为中心的面向创新的研发设计管理平台，实现并普及数字化设计与数字化制造，为中国企业最终走向智能设计与智能制造进行着不懈的努力与奋斗。

# 前　言

DS SOLIDWORKS®公司是一家专业从事三维机械设计、工程分析、产品数据管理软件研发和销售的国际性公司。SOLIDWORKS 软件以其优异的功能性、易用性和创新性，极大地提高了机械设计工程师的设计效率和设计质量，目前已成为主流 3D CAD 软件市场的标准，在全球拥有超过 600 万的用户。DS SOLIDWORKS®公司的宗旨是：to help customers design better products and be more successful——让您的设计更精彩。

"SOLIDWORKS®公司官方指定培训教程"是根据 DS SOLIDWORKS®公司最新发布的 SOLID-WORKS® 2022 软件的配套英文版培训教程编译而成的，也是 CSWP 全球专业认证考试培训教程。本套教程是 DS SOLIDWORKS®公司唯一正式授权在中国大陆地区（不包括香港、澳门特别行政区及台湾地区）出版的官方培训教程，也是迄今为止出版的最为完整的 SOLIDWORKS®公司官方指定培训教程。

本套教程详细介绍了 SOLIDWORKS® 2022 软件的功能，以及使用该软件进行三维产品设计、工程分析的方法、思路、技巧和步骤。值得一提的是，SOLIDWORKS® 2022 软件不仅在功能上进行了 300 多项改进，更加突出的是它在技术上的巨大进步与创新，从而可以更好地满足工程师的设计需求，带给新老用户更大的实惠！

《SOLIDWORKS® Flow Simulation 教程（2022 版）》是根据 DS SOLIDWORKS® 公司发布的《SOLIDWORKS® 2022：SOLIDWORKS Flow Simulation》编译而成的。本教程全面介绍了 SOLID-WORKS Flow Simulation 软件的界面和分析流程，并结合多个经典实例展现了软件的强大功能。本教程按照流体仿真的步骤进行编排，包括新建一个项目的大概流程、网格划分的细节、热分析、外部流动瞬态分析、共轭传热、EFD 缩放等实例。通过本教程的学习，读者能对该软件的功能有一个全面的理解，并能够举一反三地处理 CFD 的问题。

本套教程在保留英文原版教程精华和风格的基础上，按照中国读者的阅读习惯进行了编译，使其变得直观、通俗，让初学者易上手，让高手的设计效率和质量更上一层楼！

本套教程由 DS SOLIDWORKS®公司大中国区 CAD 事业部高级技术经理戴瑞华先生担任主编，由杭州新迪数字工程系统有限公司副总经理陈志杨负责审校。承担编译、校对和录入工作的有李鹏、于长城、张润祖、刘邵毅等杭州新迪数字工程系统有限公司的技术人员。杭州新迪数字工程系统有限公司是 DS SOLIDWORKS®公司的密切合作伙伴，拥有一支完整的软件研发队伍和技术支持队伍，长期承担着 SOLIDWORKS 核心软件研发、客户技术支持、培训教程编译等方面的工作。本教程的操作视频由 SOLIDWORKS 高级咨询顾问赵罘制作。在此，对参与本套教程编译和视频制作的工作人员表示诚挚的感谢。

由于时间仓促，书中难免存在疏漏和不足之处，恳请广大读者批评指正。

戴瑞华

2022 年 3 月

# 本书使用说明

## 关于本书

本书的目的是让读者学习如何使用 SOLIDWORKS 软件的多种高级功能，着重介绍了使用 SOLIDWORKS 软件进行高级设计的技巧和相关技术。

SOLIDWORKS® 2022 是一个功能强大的机械设计软件，而书中篇幅有限，不可能覆盖软件的每一个细节和各个方面，所以本书将重点讲解应用 SOLIDWORKS® 2022 进行工作所必需的基本技能和主要概念。本书作为在线帮助系统的一个有益补充，不可能完全替代软件自带的在线帮助系统。读者在对 SOLIDWORKS® 2022 软件的基本使用技能有了较好的了解之后，就能够参考在线帮助系统获得其他常用命令的信息，进而提高应用水平。

## 前提条件

读者在学习本书前，应该具备如下经验：

- 机械设计经验。
- 使用 Windows 操作系统的经验。
- 已经学习了《SOLIDWORKS®零件与装配体教程（2022 版）》。
- 基本了解流体流动和热传递领域的知识。

## 编写原则

本书是基于过程或任务的方法而设计的培训教程，并不专注于介绍单项特征和软件功能。本书强调的是完成一项特定任务所应遵循的过程和步骤。通过一个个应用实例来演示这些过程和步骤，读者将学会为了完成一项特定的设计任务应采取的方法，以及所需要的命令、选项和菜单。

## 知识卡片

除了每章的研究实例和练习外，本书还提供了可供读者参考的"知识卡片"。这些"知识卡片"提供了软件使用工具的简单介绍和操作方法，可供读者随时查阅。

## 使用方法

本书的目的是希望读者在有 SOLIDWORKS 软件使用经验的教师指导下，在培训课中进行学习；希望读者通过"教师现场演示本书所提供的实例，学生跟着练习"的交互式学习方法，掌握软件的功能。

读者可以使用练习题来理解和练习书中讲解的或教师演示的内容。本书设计的练习题代表了典型的设计和建模情况，读者完全能够在课堂上完成。应该注意到，学生的学习速度是不同的，因此书中所列出的练习题比一般读者能在课堂上完成的要多，这确保了学习能力强的读者也有练习题可做。

## 标准、名词术语及单位

SOLIDWORKS 软件支持多种标准，如中国国家标准（GB）、美国国家标准（ANSI）、国际标准（ISO）、德国国家标准（DIN）和日本国家标准（JIS）。本书中的例子和练习基本上采用了中国国家标准（除个别为体现软件多样性的选项外）。为与软件保持一致，本书中一些名词术语和计量单位未与中国国家标准保持一致，请读者使用时注意。

VI

## 练习文件下载方式

读者可以从网络平台下载本书的练习文件，具体方法是：微信扫描右侧或封底的"大国技能"微信公众号二维码，关注后输入"2022FS"即可获取下载地址。

大国技能

## 视频观看方式

扫描书中二维码在线观看视频，二维码位于章节之中的"操作步骤"处。可使用手机或平板计算机扫码观看，也可复制手机或平板计算机扫码后的链接到计算机的浏览器中，用浏览器观看。

## 模板的使用

本书使用一些预先定义好配置的模板，这些模板也是通过有数字签名的自解压文件包的形式提供的。这些文件可从"大国技能"微信公众号下载。这些模板适用于所有 SOLIDWORKS 教程，使用方法如下：

1. 单击【工具】/【选项】/【系统选项】/【文件位置】。
2. 从下拉列表中选择文件模板。
3. 单击【添加】并选择练习模板文件夹。
4. 在消息提示框中单击【确定】和【是】。

当文件位置被添加后，每次新建文档时就可以通过单击【高级】/【Training Templates】选项卡来使用这些模板（见下图）。

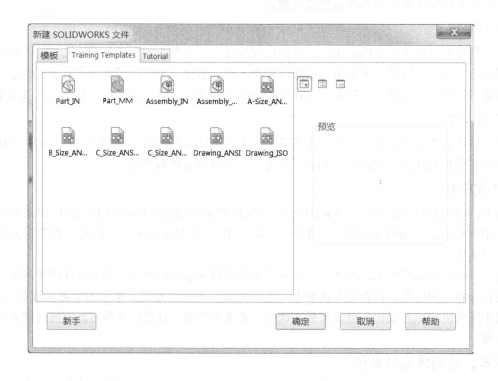

## Windows 操作系统

本书所用的截屏图片是 SOLIDWORKS® 2022 运行在 Windows® 10 时制作的。

## 格式约定

本书使用下表所列的格式约定：

| 约　定 | 含　义 | 约　定 | 含　义 |
|---|---|---|---|
| 【插入】/【凸台】 | 表示 SOLIDWORKS 软件命令和选项。例如，【插入】/【凸台】表示从菜单【插入】中选择【凸台】命令 | ⚠️ **注意** | 软件使用时应注意的问题 |
| 提示👆 | 要点提示 | 操作步骤<br>步骤1<br>步骤2<br>步骤3 | 表示课程中实例设计过程的各个步骤 |
| 技巧🔑 | 软件使用技巧 | | |

## 色彩问题

SOLIDWORKS® 2022 英文原版教程是彩色印刷的，而我们出版的中文版教程则采用黑白印刷，所以本书对英文原版教程中出现的颜色信息做了一定的调整，尽可能方便读者理解书中的内容。

### 更多 SOLIDWORKS 培训资源

my. solidworks. com 提供更多的 SOLIDWORKS 内容和服务，用户可以在任何时间、任何地点，使用任何设备查看。用户也可以访问 my. solidworks. com/training，按照自己的计划和节奏来学习，以提高 SOLIDWORKS 技能。

### 用户组网络

SOLIDWORKS 用户组网络（SWUGN）有很多功能。通过访问 swugn. org，用户可以参加当地的会议，了解 SOLIDWORKS 相关工程技术主题的演讲以及更多的 SOLIDWORKS 产品，或者与其他用户通过网络进行交流。

# 目 录

X

# 第1章 新建 SOLIDWORKS Flow Simulation 项目

**学习目标**

- 认识创建 SOLIDWORKS Flow Simulation 项目的模型准备过程
- 创建简单的封盖
- 检查无效接触的几何体
- 计算内部体积
- 使用项目向导新建一个 SOLIDWORKS Flow Simulation 项目
- 应用流体边界条件
- 添加目标
- 运行分析
- 使用求解器监视窗口
- 查看结果

## 1.1 实例分析：歧管装配体

本章将学习如何使用向导来创建一个 SOLIDWORKS Flow Simulation 项目。在设置项目之前，需要先学习如何正确准备用于分析的模型，之后将运算这个仿真项目并学习如何解释计算所得结果。此外，在对结果进行后处理时将接触到大量可用的选项。

## 1.2 项目描述

空气以 $0.05\mathrm{m^3/s}$ 的流量流入进气歧管装置的入口，并从 6 个开口中流出，如图 1-1 所示。进气歧管设计的根本目标是将燃料混合物均匀地分布到活塞头，这样就能确保得到最佳的发动机效率。在分析该进气歧管时，请时刻留意这个目标。

本章的目的是介绍如何在 SOLIDWORKS 中完整地创建一个 SOLIDWORKS Flow Simulation 项目，从模型准备开始一直到后处理，设置并讨论研究的目标。此外，还将讨论如何使用各种 SOLIDWORKS Flow Simulation 选项来进行结果的后处理。

该项目的关键步骤如下：

（1）准备用于分析的模型 在准备进行内部流动分析之前，使用【封盖】工具来封闭模型。选择【检查模型】命令，查看模型是否能够用于流体仿真。

（2）设定流体仿真 使用向导来设置流体仿真项目。

**图 1-1 进气歧管装置**

（3）应用边界条件　在进口和出口处应用边界条件。

（4）明确计算目标　一些特定的参数可以定义为分析目标，在完成分析后用户可以获取这些参数的信息。

（5）运行分析

（6）后处理结果　使用 SOLIDWORKS Flow Simulation 的各种选项来进行结果的后处理。

扫码看视频

**操作步骤**

步骤1　启动 SOLIDWORKS

步骤2　加载 SOLIDWORKS
Flow Simulation 插件　SOLIDWORKS
Flow Simulation 可以通过 CommandManager 的【SOLIDWORKS 插件】页面加载，如图 1-2 所示。

**图 1-2　插件位置**

> 提示　启动软件后，用户也可以从【工具】/【插件】菜单中激活 SOLID-WORKS Flow Simulation。

步骤3　打开装配体文件　在 "Lesson01 \ Case Study" 文件夹下打开文件 "Coletor"。

## 1.3　模型准备

对多数的静态分析而言，通常需要修改 SOLIDWORKS 的几何体，以适合仿真运算，这也同样适用于流体仿真。SOLIDWORKS Flow Simulation 将流体分析划分为两个独立的类型：内部流动分析和外部流动分析。在开始准备模型之前，用户需要明确到底要执行哪种分析。

### 1.3.1　内部流动分析

内部流动分析考虑的是流体在外围固体壁面内部的流动，例如管道、油罐、暖通系统内部的流动等。内部流动被限定在 SOLIDWORKS 几何体的内部。对于内部流动而言，流体通过入口流入模型，并从出口流出模型，但某些存在没有开口的自然对流情况也属于内部流动。

在运算内部流动分析之前，必须使用封盖功能将 SOLIDWORKS 模型完全封闭（无开口）。进入【SOLIDWORKS Flow Simulation】/【工具】/【检查模型】，可以检查模型是否完全封闭。

### 1.3.2　外部流动分析

外部流动分析考虑的是完全覆盖固体模型表面的流动，例如飞行器、汽车、建筑物的外部流动等。流体的流动并不受限于外部固体壁面，而只以计算域的边界为限，并且不需要使用封盖，但需要用到流源（例如风扇）的情况除外。

如果同时需要用到内部流动和外部流动，例如，当流体流经并流入一个建筑物时，SOLID-WORKS Flow Simulation 将视其为外部流动分析。

### 1.3.3　歧管分析

既然已经了解了内部流动和外部流动的区别，现在就能轻松地将歧管分析归为内部流动。只研究歧管装配体内部的流动，而不关注任何围绕该实体的外部流动。前面提到，在运算一个内部流动分析之前，必须使用封盖将 SOLIDWORKS 模型封闭起来。

### 1.3.4 封盖

封盖用于内部流动分析。在这类分析中，模型的所有开口都必须使用 SOLIDWORKS 的"封盖"特征进行覆盖。封盖的表面（与流体接触的一侧）常用于应用边界条件，例如质量流量、体积流量、静/总压，以及在一定流体体积内的风扇条件。

> **提示** 外部流动分析不需要使用封盖，外部流动主要关注流经物体的流动，例如汽车、飞机、建筑物等。此外，自然对流问题也不需要使用封盖。

| 知识卡片 | | |
|---|---|---|
| **创建封盖** | 使用【创建封盖】，可以自动在模型的所选平面上的全部开口处生成封盖。该工具对零件和装配体都有效。在内部流动分析中（例如，流过球阀或管道），生成封盖是必要的。 | |
| **操作方法** | • 菜单：【工具】/【Flow Simulation】/【工具】/【创建封盖】。<br>• Flow Simulation 工具栏：【创建封盖】 <br>• CommandManager：【Flow Simulation】/【创建封盖】。 | |

**步骤4 在入口表面创建一个封盖** 从菜单中选择【工具】/【Flow Simulation】/【工具】/【创建封盖】。

选择入口处的环形平面，用于定义封盖来封闭该开口。在【创建封盖】的 PropertyManager 中，单击【调整厚度】并输入【1.00mm】，如图 1-3 所示。单击【确定】。

可以发现在 FeatureManager 设计树中，新建了一个名为"封盖1"的零件。这个新建的零件是从所选平面以给定深度朝着开口内部的拉伸，拉伸距离是在【厚度】中的设定值。

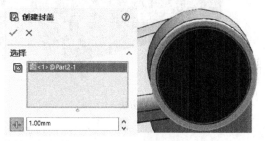

图 1-3 创建封盖

> **提示** 在使用【创建封盖】工具时可以同时选择多个平面。如果用户处理的是一个装配体，则会创建出名称为封盖1、封盖2……的新零件。如果用户处理的是单个零件，则会创建出名称为封盖1、封盖2……的特征。

> **技巧** 当用户处理的是一个装配体时，最好将生成的封盖零件重新命名。这就可以避免在同时打开多个带有封盖的装配体时出现问题。

### 1.3.5 封盖厚度

如有必要，可以单击【调整厚度】来更改封盖厚度，并在【厚度】中输入数值（前面的步骤中已有阐述）。

对于内部流动分析而言，外部封盖的厚度通常不太重要。然而，封盖也不能太厚，以免在一定程度上影响到下游的流态。如果分析中同时包含外部流动和内部流动，创建一个太薄的封盖将会导致网格数量非常大。通常情况下，封盖的厚度可以采用创建与邻近壁面相同的厚度。

### 1.3.6 手工创建封盖

如果没有平面作为参考，就无法使用【创建封盖】工具。在这种情况下，用户必须手工创建封盖零件或封盖特征。

### 1.3.7 对零件添加封盖

| 知识卡片 | 对零件添加封盖 | • 单击用户希望添加封盖的邻近表面，新建一幅草图。<br>• 选择内部边线，然后单击【草图工具】/【转换实体引用】。<br>• 单击【插入】/【凸台/基体】/【拉伸】，然后选择【两侧对称】选项。 |
| --- | --- | --- |

提示 　　选择【两侧对称】选项是十分重要的。如果选择【给定深度】选项，则会在封盖和实体之间生成无效的接触（脱节的实体）。当存在无效接触时，SOLIDWORKS Flow Simulation 就无法应用边界条件，如图1-4所示。

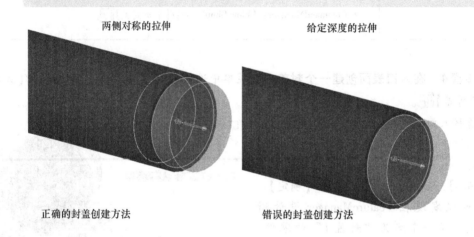

图 1-4　封盖创建方法

### 1.3.8 对装配体添加封盖

有几种方法可以在 SOLIDWORKS 装配体文件中创建封盖，下面的步骤列出了其中推荐的方式：

1）在 SOLIDWORKS 装配体模式下，单击【插入】/【零部件】/【新零件】。

2）选择用户想要添加封盖的邻近表面。

3）选择内部边线，然后单击【草图工具】/【转换实体引用】。

4）单击【插入】/【凸台/基体】/【拉伸】，然后选择【两侧对称】选项。

5）单击【确定】，结束零件编辑模式。装配体将新增一个零件。

提示 　　在装配体中，通常建议将封盖生成一个零件，特别是若分析中包含传热的情况。这些封盖接下来可以指定不同的材料，如绝缘体，这样封盖就不会影响热传递分析。

　　**步骤5　在出口创建封盖**　采用上面介绍的手工创建封盖的方法，在剩余的出口平面处生成封盖，使用【两侧对称】拉伸 2mm，如图 1-5 所示。

> **提示**　也可以采用【创建封盖】工具生成余下的封盖，但这种方法将封闭所选面上的所有开口，也就是说会导致封闭螺栓孔，这显然是没有必要的。

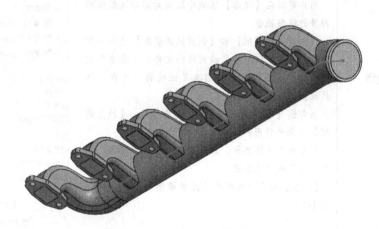

**图 1-5　在各出口创建封盖**

　　在分析之前生成封盖时，请记住它的两个目的：封闭所有开口，并作为定义边界条件（例如静压、质量流量等）的实体。在这个模型中，可以使用一个零件来封闭所有 6 个开口，如图 1-6 所示。如果用户想要对每个开口应用不同的边界条件，这样的封盖就显得不合适了。而且，不合理之处还在于为了评价设计的好坏，需要得到流过每个开口的数据（注意，设计完美的歧管要求燃烧混合物能够均匀分布）。如果采用这样的封盖，想要得到每个出口处的数据就相当困难了。

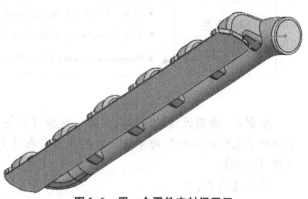

**图 1-6　用一个零件来封闭开口**

## 1.3.9　检查模型

　　必须检查 SOLIDWORKS 模型，以查看是否存在几何体的问题，进而排除对实体和流体区域划分网格时的隐患。

　　阻止对实体和流体区域划分网格的原因主要有两个：

　　1）几何体上的开口会阻止 SOLIDWORKS 定义一个完全封闭的内部体积，这只适用于内部流动分析。

　　2）在装配体的零件之间存在无效接触（零件之间的线接触或点接触被定义为无效接触）。该问题将在后面的章节讨论。

> **提示**　无效接触会影响内部流动和外部流动分析。

6

| 知识卡片 | 检查模型 | SOLIDWORKS Flow Simulation 有一个命名为【检查模型】的工具，允许用户检查 SOLIDWORKS 的几何体，如图 1-7 所示。该工具还可以让用户检查可能出现的几何问题（例如相切接触），这些问题可能导致 SOLIDWORKS Flow Simulation 生成不正确的网格。<br><br>用户可以在【状态】区域中取消对部分装配体零部件的模型检查。<br><br>【创建固体装配】和【创建流体装配】选项分别用于创建固体和流体区域的零件文件，这些零件文件有助于验证软件是否创建了正确的固体和流体区域。<br><br>当勾选【改善几何体处理】复选框时，【检查模型】工具允许用户创建固体和流体实体。<br><br>如果存在流体体积，则可以通过【显示流体】命令图形化地显示出来。<br><br>【检查】命令会对整个装配体模型进行检查（见图 1-7）。 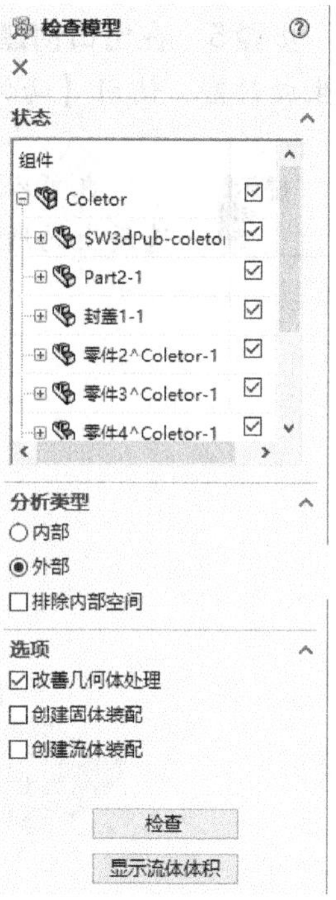<br><br>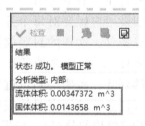<br><br>图 1-7　【检查模型】命令 |
|---|---|---|
| | 操作方法 | ● 菜单：【工具】/【Flow Simulation】/【工具】/【检查模型】。<br>● Flow Simulation 工具栏：【检查模型】。<br>● CommandManager：【Flow Simulation】/【检查模型】。 |

**步骤 6　查看无效的流体几何体**　选择【检查模型】工具。保持所有装配体零部件处于被选中的状态。在【分析类型】中选择【内部】。

单击【检查】。

在图形区域下方的文本区域将显示如图 1-8 所示的信息。

非零值的流体体积和固体体积表明内部的体积是密闭的，适合进行流动模拟。

图 1-8　检查结果

关闭带有结果的文本区域以及【检查模型】PropertyManager。

 提示　【检查模型】命令可以检查可能存在的无效接触，例如：相切、零厚度等。如果检测到存在问题，则会在文本区域显示无效接触。

技巧　当确认几何体可以真正用于分析时，最好养成将所有零部件设为固定的习惯，这样就可以确保在定义边界条件或执行其他操作时，零部件不会移动。

## 1.3.10　内部流动体积

SOLIDWORKS Flow Simulation 还可以计算总的固体体积和总的流体体积。

对内部流动分析而言，内部流动体积必须大于 0。如果在没有无效接触的情况下内部流动体积仍然为零，则要么存在小的间隙，要么在连接内外区域的地方有开口。当检测到小间隙或开口并加以纠正之后，还需要重新运行【检查模型】工具，以确保内部流动体积大于 0。

## 1.3.11　无效接触

如果存在无效接触，SOLIDWORKS Flow Simulation 就无法计算内部流动体积（在计算域之内），即使模型是完全封闭并且没有开口或间隙，【检查模型】工具也会显示内部流动体积为零。在进行流体分析之前，必须修正无效接触。

修正无效接触时可以采用下面两种方法：将两个零件分开一个非常小的距离，使两者不再接触，或者在两个零件之间建立过盈配合。

图 1-9 显示了一些常见的无效接触类型。

在给出的例子中，如果采用【给定深度】的拉伸，将会产生无效的线接触，如图 1-10 所示。

如果检测到无效接触，用户可以单击无效接触的列表，以显示其位置，如图 1-11 所示。

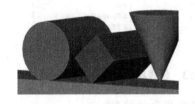 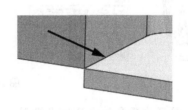 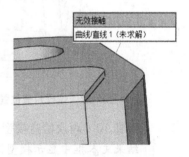

图 1-9　常见的无效接触类型　　　图 1-10　无效的线接触　　　图 1-11　无效接触位置

提示　　　　　　并非所有相切接触都会导致无效接触。SOLIDWORKS Flow Simulation 使用 SOLIDWORKS API 布尔运算来计算流体和固体体积。如果 SOLIDWORKS 可以正确得到运算的结果，则 SOLIDWORKS Flow Simulation 就认为该体积可以有效地用于分析，即使存在像"线性接触"这样的潜在有问题的接触。

对于有些模型，即使存在无效接触，用户也可以添加边界条件并求解分析。在这些情况下，用户有可能在尝试定义【切面图】时得到"无法完成"的错误提示。这时，用户将不得不纠正无效的接触并重新运算分析，以得到正确的切面图图解。

注意　　　　对内部流动分析而言，只有当所有开口都封闭后，才能添加边界条件。

**步骤 7　修改封盖位置**　为了说明封盖的位置不理想，现在需要更改最后一个封盖的位置。编辑最后一个封盖，使它的内部边线和出口边线形成一个线接触，如图 1-12 所示。

**步骤 8　检查模型**　按照步骤 6 的方法检查模型，以查找无效接触。确保选择【内部】分析类型。结果文本框中显示有 8 个未求解的接触，它们都已经被修复了。

由于无效接触都被修复了，【检查模型】工具又能够计算出流体和固体体积这两个结果，如图 1-13 所示。

提示 👆 这种情况下，软件可以修复大部分无效接触并计算出流体体积和固体体积。单击任意一个无效接触，可以在图形区域进行查看。

关闭带有结果的文本区域和【检查模型】的 PropertyManager。

**步骤9　再次更改封盖位置**　按照步骤7的方法，更改封盖的位置，在封盖和出口之间形成一个间隔（缝隙），如图 1-14 所示。

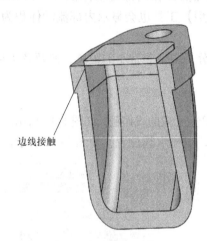

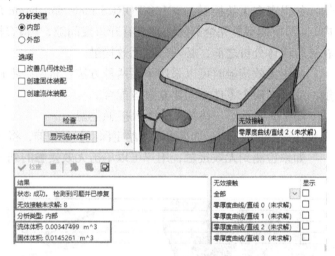

图 1-12　修改封盖位置　　　　　　　　　　　图 1-13　检查模型

**步骤10　再次检查模型**　按照步骤8的方法检查模型，以查找无效接触。

结果文本框中显示模型检查失败。固体体积和流体体积都显示为零，这表明它们都不能被计算出来，如图 1-15 所示。

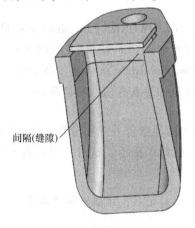

结果
状态：失败。非水密模型
分析类型：内部
流体体积：0 m^3

图 1-14　再次更改封盖位置　　　　　　　　　图 1-15　再次检查模型

| 知识卡片 | 泄漏跟踪 | 几何体的泄漏有时很难发现，但利用泄漏跟踪工具可以轻松地将泄漏找到。 |
|---|---|---|
| | 操作方法 | • 菜单：【工具】/【Flow Simulation】/【工具】/【泄漏跟踪】。<br>• Flow Simulation 工具栏：【泄漏跟踪】 📷。 |

**步骤 11  泄漏跟踪**  单击【工具】/【Flow Simulation】/【工具】/【泄漏跟踪】，选择歧管内侧的一个面，以及外侧的一个面，如图 1-16 所示。单击【查找连接】。

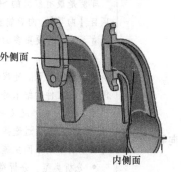

图 1-16  选择跟踪面

从内侧面到外侧面的路径将显示在模型上，如图 1-17 所示。

**步骤 12  关闭泄漏跟踪**

**步骤 13  最后一次更改封盖位置**  将封盖恢复到正确的位置，即封盖和出口形成面面接触的位置，如图 1-18 所示。

> 提示  用户可以最后一次运行【检查模型】命令，以验证几何体是水密模型。

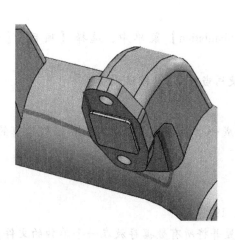
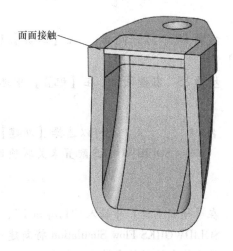

图 1-17  泄漏跟踪                  图 1-18  最后一次更改封盖位置

### 1.3.12 项目向导

| 知识卡片 | 向导 | 项目向导是创建和指定仿真项目基本配置的最快捷方式。 即使是最有经验的 SOLIDWORKS Flow Simulation 用户，也经常采用流体仿真的项目【向导】。向导能够带领用户完成流体分析基本项的设置。对更复杂的分析而言，可能需要更多的命令来完成定义。向导包含下列建模要素： <br>• 项目名称。选择一个用于仿真的配置。用户可以新建一个配置，或者使用当前定义好的配置。建议用户对每个流体仿真项目都新建一个配置，这样就可以确保用户的文件和结果是有序的。 <br>• 单位系统。定义一个在仿真中使用的单位系统。用户可以在向导结束后再进行更改，可以通过选择【Flow Simulation】菜单下的【单位】进行操作。此外，还可以分别采用不同主流单位系统的单位来定义用户自己的单位系统。 <br>• 分析类型。分析类型可以分为内部流动和外部流动，其他的分析特征也可以在此定义（例如参考轴）。 <br>• 默认流体。定义用于分析的默认流体以及将会经历的流体类型（例如：层流、湍流、层流加湍流）。 <br>• 壁面条件。对 SOLLDWORKS 几何体上的壁面流动定义边界条件。 <br>• 初始条件。对模型的固体和流体定义初始和环境条件。 <br>• 结果和模型精度。定义基于模型几何特征（薄壁的厚度和间隙）的网格密度和结果的总体精度。 |
|---|---|---|
| | 操作方法 | • 菜单：【工具】/【Flow Simulation】/【项目】/【向导】。 <br>• Flow Simulation 工具栏：【向导】。 <br>• CommandManager：【Flow Simulation】/【向导】。 |

**步骤 14 打开向导** 从【工具】/【Flow Simulation】菜单中，选择【项目】/【向导】。

**步骤 15 新建项目** 在【配置】中选择【使用当前值】（默认设置）。

> 提示 用户也可以选择【新建】来生成一个新的配置，或者选择任何已有的 SOLIDWORKS 配置来关联项目。

在【项目名称】中输入"Project 1"，如图 1-19 所示。

SOLIDWORKS Flow Simulation 将新建一个配置并将所有数据存放在一个单独的文件夹下，该文件夹按照数字排序，例如：1，2，3，…，这个数字序列取决于定义了多少个项目。该文件夹位于此装配体文件的同一目录中。单击【下一步】。

**步骤 16 选择单位系统** 这个项目选择【单位系统】/【SI（m-kg-s）】，如图 1-20 所示。

用户可以进入【工具】/【Flow Simulation】菜单下的【单位】随时更改单位系统，单击【下一步】。

图 1-19　新建项目

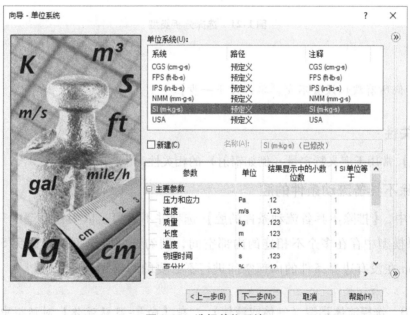

图 1-20　选择单位系统

 提示　　　用户也可以创建自己的单位系统（混合使用现有单位系统的数据），勾选【新建】复选框并为这个新的单位系统输入一个自定义的名称。

**步骤17  选择分析类型**  在【分析类型】中选择【内部】。在【考虑封闭腔】内不勾选【排除不具备流动条件的腔】复选框,如图 1-21 所示。

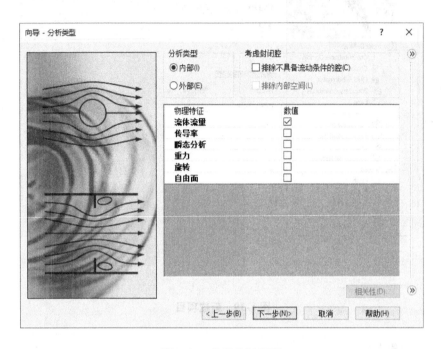

图 1-21  选择分析类型

保持其他所有默认设置不变,单击【下一步】。

## 1.3.13  相关性

【相关性】常用于定义特定量(例如辐射)的相关性。

## 1.3.14  排除不具备流动条件的腔

在本分析中,【排除不具备流动条件的腔】选项并不重要,因为在模型中只存在一个内部空间。如果模型中存在多个不相连的内部空间,则勾选此复选框可以避免 SOLIDWORKS Flow Simulation 在没有边界条件的内部空间进行不必要的网格划分和求解。

**步骤18  选择流体类型**(气体或液体)  在【向导-默认流体】对话框中展开【气体】目录,选择【空气】。单击【添加】,移动【空气】至下方的【项目流体】列表中,如图 1-22 所示。保持其他所有默认设置不变,单击【下一步】。

**步骤19  设置壁面条件**  在【参数】列中,【默认壁面热条件】设定为【绝热壁面】,【粗糙度】设定为【0 微米】,如图 1-23 所示,单击【下一步】。

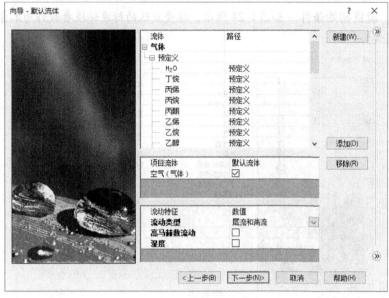

图 1-22　选择流体类型

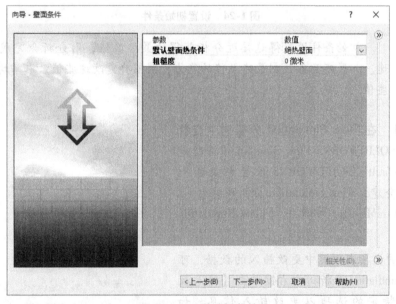

图 1-23　设置壁面条件

## 1. 3. 15　绝热壁面

因为本项目不包含任何类型的传热，因此推荐使用默认的【绝热壁面】。【绝热壁面】假定壁面是完全隔热的。实际上，会有一些穿过壁面的热传递。在本实例中的歧管是发动机的进气歧管，来自大气的空气以正常的压力和温度进入歧管，因此假设歧管的壁面是完全绝热的。

## 1. 3. 16　粗糙度

该数值可以用来计算边界层内的流速剖面。如果使用默认的数值 0（如果不知道粗糙度时通常推荐采用），则求解器会假定壁面是光滑的。请参照 Flow Simulation 的帮助文件，学习如何确定适当的粗糙度参数。

14

**步骤20　设置初始条件**　如图 1-24 所示，接受默认的标准环境参数作为本分析的初始条件，单击【完成】。

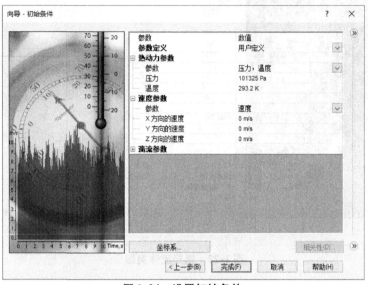

图 1-24　设置初始条件

> 提示　初始条件设置得越接近分析获得的最终数值，则分析会完成得更加快速。如果不具备预测最终数值的能力，则不要更改这些值，本章均不更改这些值。

**步骤 21　在 Flow Simulation 分析树中查看输入数据**　SOLIDWORKS Flow Simulation 将新建一个与 "Default" SOLIDWORKS 配置相关的项目，同时也会建立 Flow Simulation 分析树。

在 FeatureManager 中单击【Flow Simulation 分析】 。

如果用户需要在项目中更改输入的数据，可以在 Flow Simulation 分析树中右键单击【输入数据】，选择特定的选项以更改输入信息，如图 1-25 所示。

展开 Flow Simulation 分析树下【输入数据】选项。在这个分析中可以看到，Flow Simulation 分析树还用于定义其他的分析设置。

计算域以包围模型的线框表示，并用于显示被分析的体积，如图 1-26 所示。

图 1-25　查看输入数据

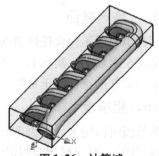

图 1-26　计算域

## 1.3.17 计算域

计算域定义为相对于流体流动域坐标系的固定体积。虽然流体从计算域中流进流出，但计算域自身在空间中仍保持固定。

SOLIDWORKS Flow Simulation 分析模型的几何体能够自动创建一个计算域，该计算域的形状为包围模型的一个长方体。计算域的边界平面与模型的全局坐标系的轴是正交的。在外部流动分析中，计算域的边界平面自动远离模型一定的距离，以获取包围模型的流体空间。然而，在内部流动分析中，计算域的边界平面只会自动包围模型的壁面。

边界条件用于描述流体从哪里进入或离开系统（计算域），并且可以设定为压力、质量流量、体积流量或速度。边界条件还可以指定壁面参数为理想，固定或旋转。

可以通过多种方式输入边界条件，以允许用户描述复杂的仿真场景。

1) 常数。将边界条件输入为恒定的数值，如图 1-27 所示。

2) 公式。【公式定义】允许使用数学和逻辑函数创建相关关系。相关于时间（仅瞬态模拟）、受监控的分析输出（例如出口体积流量）、定义的分析参数和空间坐标。公式支持大多数标准和高级数学函数，也支持逻辑函数【IF】以及布尔运算符【AND】、【OR】、【XOR】和【NOT】，如图 1-28 所示。

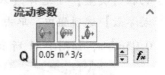

图 1-27 常量边界条件

3) 表。强大的表格相关性允许用户指定边界条件与空间坐标、时间（仅瞬态模拟）、受监控的分析输出（例如出口体积流量）和定义的分析参数的离散相关性。可用的表格相关项列表会因所使用的 Flow Simulation 特征和边界条件而不同，如图 1-29 所示。

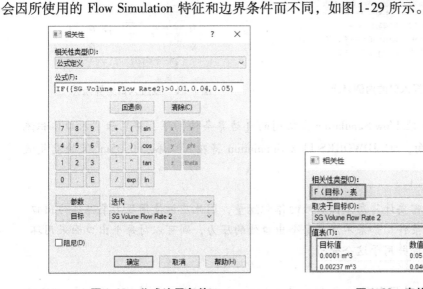

图 1-28 公式边界条件

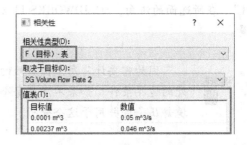

图 1-29 表格边界条件

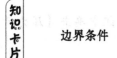

边界条件

- 菜单：【工具】/【Flow Simulation】/【插入】/【边界条件】。
- CommandManager：【Flow Simulation】/【边界条件】。
- 快捷菜单：在 Flow Simulation 分析树中，右键单击【边界条件】并选择【插入边界条件】。

**步骤22　插入入口边界条件**　在 Flow Simulation 分析树中，在【输入数据】下方右键单击【边界条件】并选择【插入边界条件】。

选择代表入口的 SOLIDWORKS 特征的内侧表面，如图 1-30 所示。

> 提示　为了获取内侧表面，右键单击封盖的外侧表面并选择【选择其他】。在【选择其他】窗口，通过移动鼠标指针逐一动态高亮显示实体几何模型的每一个面。

**步骤23　设置入口边界条件**　在【边界条件】的【类型】选项组中单击【流动开口】。仍在【类型】下选择【入口体积流量】。在【流动参数】选项组中，单击【垂直于面】并输入 $0.05\mathrm{m}^3/\mathrm{s}$，如图 1-31 所示。

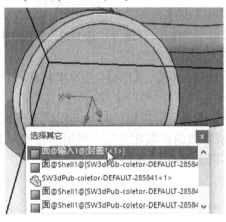

图 1-30　选择入口的内侧表面

图 1-31　设置入口边界条件

单击【确定】。在 Flow Simulation 分析树的【边界条件】下，将显示"入口体积流量1"。在所选面的法向，SOLIDWORKS Flow Simulation 将在入口添加 $0.05\mathrm{m}^3/\mathrm{s}$ 的空气流通量。

> 提示　因为需要计算每个出口处的体积流量，因此应该使用压力条件作为出口处的边界条件。如果不清楚每个出口处的压力，则可以对每个出口面采用环境静压条件并用于这个分析。

**步骤24　插入出口边界条件**　在 Flow Simulation 分析树中，在【输入数据】下方右键单击【边界条件】并选择【插入边界条件】。选择其中一个出口的内侧表面，如图 1-32 所示。

**步骤25　设置出口边界条件**　在【边界条件】的【类型】选项组中单击【压力开口】。仍在【类型】选项组中选择【静压】，如图 1-33 所示。

单击【确定】，接受默认的外界数值。Flow Simulation 分析树中将显示一个新的"静压1"。

**步骤26 创建其他的出口边界条件** 对每个出口封盖的内侧表面，均指定一个静压边界条件。对其余的 5 个出口创建 5 个静压边界条件。

图 1-32 选择出口的内侧表面

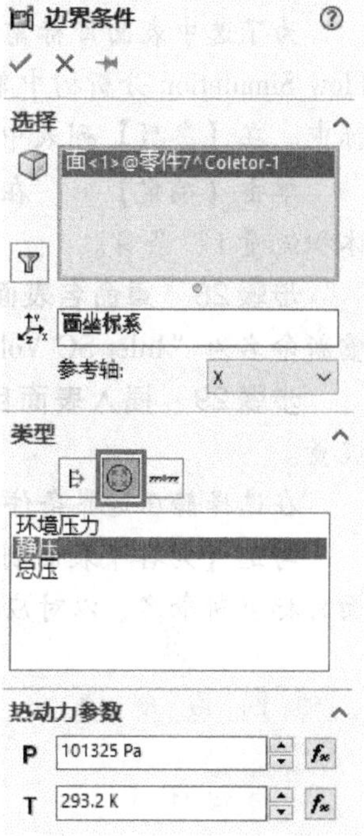

**边界条件**

**选择**

面<1>@零件7^Coletor-1

面坐标系

参考轴：    X

**类型**

环境压力
静压
总压

**热动力参数**

P    101325 Pa

T    293.2 K

图 1-33 设置出口边界条件

| | |
| --- | --- |
| **目标** | SOLIDWORKS Flow Simulation 包含一套内置的标准以终止求解程序。然而，最好还是采用 SOLIDWORKS Flow Simulation 中的目标自定义标准。用户可以将目标定义为项目中关注区域的物理参数，从工程的角度来看，它们的收敛可以认为是获得了一个稳态的结果。<br><br>目标是用户指定的感兴趣的参数，在求解过程中可以显示这些参数，并在达到收敛时得到相关信息。可以在贯穿整个域【全局目标】，指定区域【表面目标】、【点目标】，或指定体积【体积目标】中设定目标。而且，SOLIDWORKS Flow Simulation 可以在验证目标时考虑使用平均、最小或最大值。<br><br>此外，用户还可以定义【方程目标】，也就是采用现有目标作为变量创建的一个表达式（基本的数学函数）来定义的目标。这可以让用户计算一个感兴趣的参数（例如压降），并在此项目中保留该信息以供今后参考。<br><br>在 SOLIDWORKS Flow Simulation 可以定义 5 种不同类型的目标：<br>● 全局目标　　● 点目标<br>● 表面目标　　● 体积目标<br>● 方程目标 |
| **操作方法** | ● 菜单：【工具】/【Flow Simulation】/【插入】。<br>● CommandManager：【Flow Simulation】/【目标】。<br>● 快捷菜单：右键单击 Flow Simulation 分析树中的【目标】，并选择【插入目标】。 |

知识卡片

**步骤27　插入表面目标**　在 Flow Simulation 分析树中，右键单击【目标】，然后选择【插入表面目标】。

为了选中表面目标需要的内侧表面，请将特征窗格分割为两个部分，在上半部分的 Flow Simulation 分析树中单击边界条件"入口体积流量1"，将之前定义的面应用到表面目标中。在【参数】列表中，定位到【体积流量】并勾选旁边的复选框，如图1-34所示。

单击【确定】✔️。在 Flow Simulation 分析树的【目标】下方，会出现一个新的"SG 体积流量1"条目。

**步骤28　重命名表面目标**　在 Flow Simulation 分析树中，将"SG 体积流量1"条目重新命名为"Inlet SG Volume Flow Rate"。

**步骤29　插入表面目标**　重复前面的步骤，在出口指定表面目标，以计算其体积流量。

在选择静压边界条件时，请按住 < Ctrl > 键并选择所有出口边界条件。

勾选【为各个表面创建目标】复选框，将在6个出口处生成6个表面目标。对每个表面目标重新命名，以对应其出口位置，如图1-35所示。

图1-34　插入表面目标

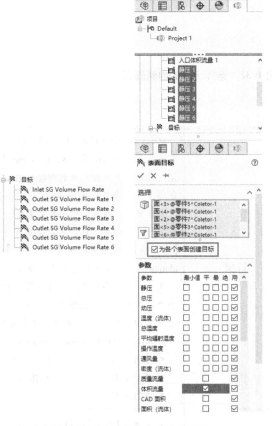

图1-35　插入并重命名表面目标

**步骤30　插入方程目标**　本章中，我们将使用【方程目标】来计算出口总的体积流量。【方程目标】可以用来测定离开歧管总的【体积流量】。

在 Flow Simulation 分析树中，右键单击【目标】，然后选择【插入方程目标】。

从 Flow Simulation 分析树中选择面目标 "Outlet SG Volume Flow Rate1"，并将其添加到【表达式】框中。在【方程目标】窗口中单击 +。重复上面的操作，添加余下 5 个出口流量，完成方程式的定义。

在【量纲】列表中，选择【体积流量】，如图 1-36 所示。单击【确定】✔。

**步骤 31　重命名方程目标**　将方程目标重新命名为 "Sum of outlet flow rates"。当求解达到收敛时，出口体积流量的总和应该近似等于入口的体积边界条件。

## 1.3.18　网格

网格的密度和质量会影响结果的求解程度，换句话说，会影响结果的准确度。为了获得更高水平的结果精度，通常需要更精细的网格，这意味着会有更多的总单元数和更高的物理 RAM 需求。更高的网格密度将需要更长的 CPU 时间来求解。因此，最佳网格密度是需要在精确结果和计算时间之间取得平衡的。

**步骤 32　设置初始全局网格参数**　在 Flow Simulation 分析树的输入数据选项下方，展开【网格】文件夹，右键单击【全局网格】并选择【编辑定义】。

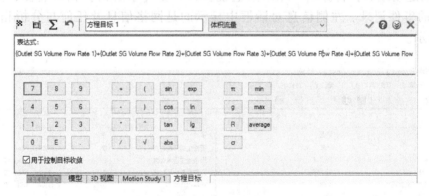

图 1-36　插入方程目标

在【类型】中保持默认的【自动】。在【设置】中保持默认认的【初始网格的级别】为 3，如图 1-37 所示。单击【确定】✔。

> 提示　在有些情况下，在【最小缝隙尺寸】中输入数值是十分重要的，这样可以确保在划分网格时不会漏掉细小特征。因为本模型拥有相同的直径，不需要考虑最小缝隙尺寸。

**步骤 33　保存文件**　单击【文件】/【保存】，保存该装配体文件。

图 1-37　全局网格设置

| 运行 | 【运行】命令是用来求解仿真项目的。 |
|---|---|
| 操作方法 | • 菜单：【工具】/【Flow Simulation】/【求解】/【运行】。<br>• CommandManager：【Flow Simulation】/【运行】▷。<br>• 快捷菜单：在 Flow Simulation 分析树中，右键单击【项目】（如 Project1）并选择【运行】。 |

### 1.3.19 加载结果选项

SOLIDWORKS Flow Simulation 生成的求解结果可能非常庞大，如果要进行结果的后处理，必须先进行加载操作。当求解器完成计算后，这一选项会自动加载 SOLIDWORKS Flow Simulation 的结果。

> 提示：如果得到的结果包含多个配置或解决方案，则每次只能加载其中的一个结果。在加载新的结果之前，必须先卸载当前加载的结果。

### 1.3.20 监视求解器

在求解器起动之后，将弹出一个求解监视窗口。在【求解器】窗口右侧，显示求解过程中每一步的事件记录。左侧信息对话框中显示的是网格信息及任何与分析相关的警告，如图1-38 所示。

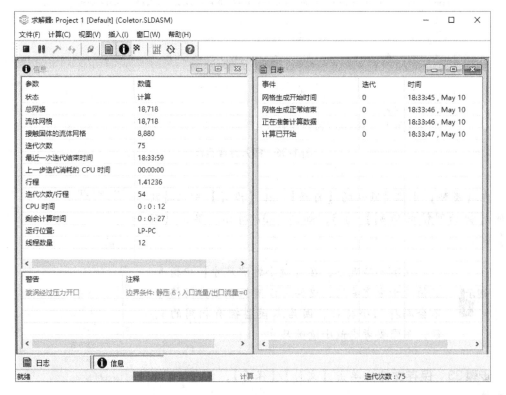

**图 1-38 求解器窗口**

## 1.3.21　目标图窗口

在【添加/移除目标】窗口选择目标，则这些所选目标都会列于【目标图】窗口中。在此窗口中，用户可以观察到每个目标的当前数值和图表，还可以看到当前完成的百分比进度。该进度的数值只是一个估计值，一般情况下，随着时间的增加，进行的速度也会加快，如图1-39所示。

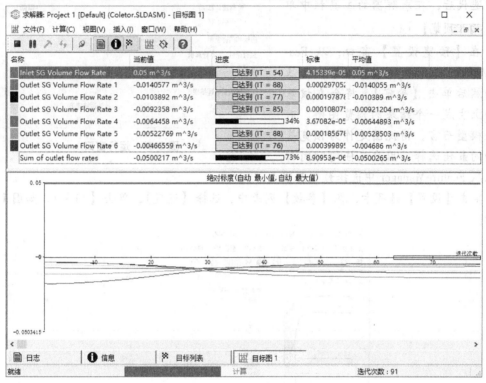

图1-39　目标图窗口

## 1.3.22　警告信息

警告信息也会同时显示在【求解器】窗口的【信息】中。在这个分析中，用户可能会看到这样一条信息"漩涡经过压力开口"。这条信息表明在穿过出口处存在压差，意味着在出口处有时会出现回流。分析完成后，用户可以观察一下结果图解，查看是否存在进入出口的流体。这条消息仅仅是一个警告而已，这个分析中暂且忽略它。但是，如果存在进入出口的流体，用户应当延长出口，直到流线都朝着离开出口的方向。

**步骤34　求解 SOLIDWORKS Flow Simulation 项目**　在 Flow Simulation 分析树中，右键单击"Project 1"并选择【运行】，如图1-40所示。

请确认已经勾选【加载结果】复选框，其余保持默认的设置，单击【运行】。求解器大约需要5min 时间进行运算。

> 提示　SOLIDWORKS Flow Simulation 的求解器支持并行计算。用户还可以选择 CPU 的数量进行计算。

**步骤35　插入目标图**　当求解器在运算过程中，在求解器的工具栏中单击【插入目标图】，以打开【添加/移除目标】对话框。

单击【添加全部】，将添加所有的目标用于生成图解，单击【确定】。

**步骤36 插入预览** 求解器运算几步迭代后，在求解器的工具栏中单击【插入预览】 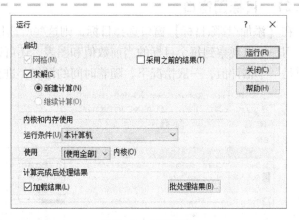。

在【预览设置】窗口，从 FeatureManager 设计树中选择任意一个基准面然后单击【确定】，将会在该基准面上生成一个结果的预览图解。对这个模型而言，俯视图是作为预览基准面的最佳选择。用户在任何时间都可以从 FeatureManager 中选择预览基准面。

图 1-40 运行窗口

单击【设置】选项卡，在【参数】列表中，选择【速度】，单击【确定】，如图 1-41 所示。

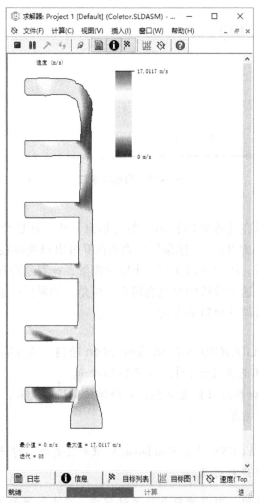

图 1-41 预览窗口

提示　当求解还在运行中时，用户可以预览结果。这有利于用户在开始阶段判断边界条件是否正确，并提前了解大概的结果走势。值得注意的是，开始阶段的结果看上去可能非常奇怪，或结果变化得非常剧烈。然而，随着运算的进行，变化会趋缓，结果也会逐渐收敛。结果可以表现为等高线、等值线或矢量。

**步骤 37　关闭求解器窗口**　单击【文件】/【关闭】，关闭求解器窗口。

## 1.4　后处理

查看结果的第一步就是生成一个模型的透明视图，也就是类似"玻璃实体"的图像。通过这种方法，用户可以很清楚地看到相对模型几何体而言诸如剖切平面等的位置。

| 知识卡片 | 切面图 | 【切面图】用来显示任何 SOLIDWORKS 平面上的任意结果。结果可以表现为等高线、等值线或矢量，还可以是这三者的组合（例如，在等高线云图上还覆盖了矢量图）。 |
| --- | --- | --- |
| | 操作方法 | • 菜单：【工具】/【Flow Simulation】/【结果】/【插入】/【切面图】◇。<br>• CommandManager：单击【Flow Simulation】/【插入】/【切面图】◇。<br>• 快捷菜单：右键单击【结果】下面的【切面图】并选择【插入】。 |

**步骤 38　设置模型透明度**　在【工具】/【Flow Simulation】菜单中，选择【结果】/【显示】/【透明度】。

移动滑块至右侧，以增加【可设置的值】。将模型的透明度设定为 0.75，单击【确定】。

技巧　用户也可以在 FeatureManager 设计树中右键单击每个零件，然后选择【更改透明度】。

提示　因为在求解之前已经作了相应的设置，因此在求解结束后结果会自动加载。在结果文件夹旁边的括号里还会显示相关结果文件的名称，如图 1-42 所示。

**步骤 39　生成切面图**　在 Flow Simulation 分析树中，右键单击【结果】下的【切面图】，然后选择【插入】。

在【剖切平面或平面】选项框中，选取"Top"基准面。

单击【确定】，如图 1-43 所示。通过观察发现，总压的大小由 101249Pa 变化到 101459Pa。在 Flow Simulation 分析树中的切面图下，会创建一个"切面图 1"项目。

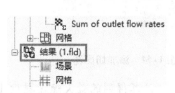

图 1-42　结果文件

24

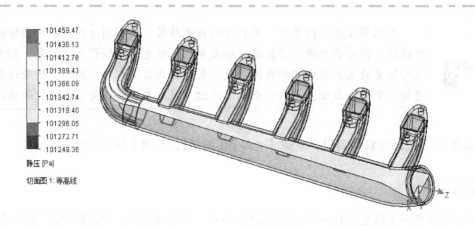

**图 1-43　切面图**

**步骤 40　隐藏切面图**　右键单击"切面图 1",选择【隐藏】。

**步骤 41　添加切面图**　右键单击【切面图】,选择【插入】。选取"Top"基准面作为切分面,请确认已经选中了【等高线】。在【等高线】选项组中,选择【速度】,并移动滑块,将【级别数】的数值提高到 50,如图 1-44 所示。单击【确定】 ✓。

> 提示　在默认情况下,图例的范围是全局最大值和最小值。用户可以在【等高线】选项组中单击【调整最小值和最大值】按钮,并进行手工修改,如图 1-45 所示。

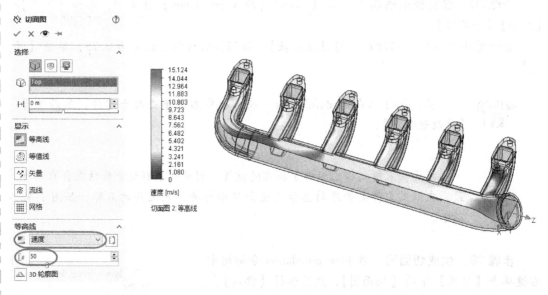

**图 1-44　添加切面图**　　　　**图 1-45　更改切面图显示范围**

计算得到的最大速度接近 15.1m/s,发生在入口附近,即截面快速收缩的末端位置。

要想修改这个或其他图解的选项，用户可以双击彩色标尺，也可以右键单击图解的名称并选择【编辑定义】，如图1-46所示。

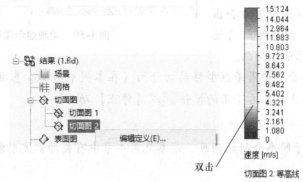

图 1-46 编辑定义切面图

- 缩放图例的范围比例　在图例中直接单击下界或上界的数值，所选极值会显示在文本字段中。

在文本字段的右侧有两个自动缩放的按钮。第一个按钮 🔳（左侧）可以自动缩放图例中的最大值并重置为全局最大（小）值。第二个按钮 🔳（右侧）可以自动缩放图例中的最大值并重置为显示最大（小）值，如图1-47所示。

- 更改图例设置　如果想要编辑图例设置，例如调色板、超出范围的颜色、字体及大小等，可以直接右键单击图例并使用【编辑】和【外观】命令，如图1-48所示。

- 图例方向、对数标度　图例可以垂直或水平调整方向。如需改变图例的方向，只需右键单击图例，然后选择【使水平】（或【使垂直】），如图1-49所示。单击【对数标度】，可以更改图例的轴为对数值。

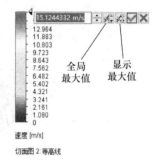

图 1-47 缩放图例

图 1-48 更改图例设置                  图 1-49 图例选项

步骤42　动画显示沿着模型的切面图　用户可以使用动画来查看切面图数据（在本例中为总压）沿着整个模型变化的情况，如图1-50所示。

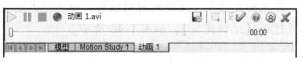
在切面图文件夹下方右键单击
"切面图 2"并选择【动画】。

在 SOLIDWORKS 窗口下方会出
现一个动画工具栏，用户可以【播
放】、【循环】或【记录】动画。

图 1-50    动画显示图解

单击【播放】▷会自动沿着模型移动切分面（在本例中为 Top 基准面），并显示图解
数据的变化情况。单击屏幕右下角的按钮▨以【停止】动画。

 提示    对于瞬态分析的动画，请参见第 4 章中有关外部流动瞬态分析的内容。

**步骤 43    生成矢量切面图**    在【切面图】文件夹下方右键单击 "切面图 2" 并选择
【编辑定义】。

在【显示】选项组中，取消选择【等高线】并单击【矢量】。

单击【确定】，结果如图 1-51 所示。

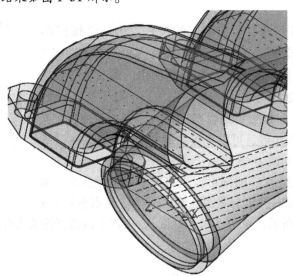

图 1-51    矢量切面图

 提示    在【切面图】窗口，用户可以在【矢量】对话框中调整【间距】、【最
大箭头大小】及其他矢量参数。

**步骤 44    编辑 "切面图 2"**    编辑定义 "切面图 2"，更改偏移距离为 -0.02m，单
击【确定】。

提示    切面图的新位置将在本章的后面使用。

**步骤 45    隐藏 "切面图 2"**    在 Flow Simulation 分析树的【结果】文件夹下方右键单
击 "切面图 2"，然后选择【隐藏】。

| 表面图 | 【表面图】可以显示任意 SOLIDWORKS 曲面上的任何结果。结果可以表现为等高线、等值线或矢量，还可以是这三者的组合（例如，在等高线云图上还覆盖了矢量图）。 |
|---|---|
| 操作方法 | • 菜单：【工具】/【Flow Simulation】/【结果】/【插入】/【表面图】。<br>• CommandManager：【Flow Simulation】/【插入】/【表面图】◇。<br>• 快捷菜单：在 Flow Simulation 分析树的【结果】下方右键单击【表面图】并选择【插入】。 |

（左侧竖排）知识卡片

**步骤46　生成表面图**　在 Flow Simulation 分析树中，在【结果】下方右键单击【表面图】并选择【插入】。

勾选【使用所有面】复选框。请确认已经选中了【等高线】，并指定【静压】为需要绘制的数据。单击【确定】，如图 1-52 所示。

在 Flow Simulation 分析树中的【表面图】下，会创建一个"表面图 1"。表面图具有和切面图相同的基本选项。建议用户采用不同的组合来体验结果显示的差异。

**步骤47　探测**　在 Flow Simulation 分析树中右键单击【结果】并选择【探测】，选择图形窗口中感兴趣的位置点。

这些所选位置对应的压力值将显示在图形窗口中，如图 1-53 所示。

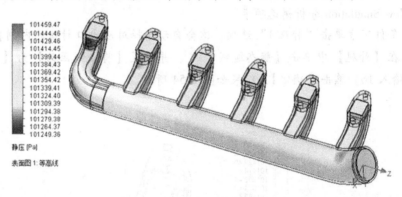

**图 1-52　生成表面图**

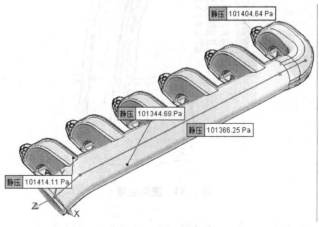

**图 1-53　探测压力值**

如果要关闭探测工具，只需再次右键单击【结果】并选择【探测】。如果要关闭探测显示，请右键单击【结果】并选择【显示探测值】。

**步骤48 隐藏"表面图1"** 右键单击"表面图1"并选择【隐藏】。

| 知识卡片 | 流动迹线 | 使用【流动迹线】，用户可以显示放入流体中无质量粒子的流线和路径。流动轨迹提供了一个非常好的3D流体流动的图像。通过将数据导出到 Microsoft Excel，用户可以看到沿着每条流动迹线其参数是如何变化的。此外，用户还可以将流动迹线保存为 SOLIDWROKS 的参考曲线。同时，用户还可以在【视图设定】窗口更改流动迹线为任何可选的颜色。 |
| --- | --- | --- |
| | 操作方法 | • 菜单：【工具】/【Flow Simulation】/【结果】/【插入】/【流动迹线】。<br>• CommandManager：【Flow Simulation】/【插入】/【流动迹线】。<br>• 快捷菜单：在 Flow Simulation 分析树的【结果】下方右键单击【流动迹线】并选择【插入】。 |

**步骤49 生成流动迹线** 在 Flow Simulation 分析树中的【结果】下方右键单击【流动迹线】并选择【插入】。

单击 Flow Simulation 分析树选项卡。

在边界条件下方单击"静压1"选项。这会自动选择对应出口封盖的内侧表面作为迹线的起点。在【外观】中单击【静态迹线】，并设置【将迹线画为】为【导管】。在【点数】中输入16。单击【确定】，结果如图1-54所示。

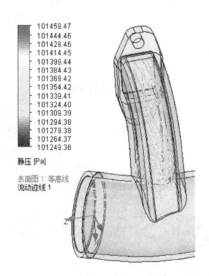

图1-54 流动迹线

讨论 请注意流进和流出出口封盖的轨迹线，这也是在求解过程中出现警告提示（漩涡经过压力开口）的原因所在。当流体流进并流出同一开口时，求解的精度会受到很大影响。当出现这类问题时，用户通常可以采用在模型中新增一个相邻部件的方法（例如延长管道以增加计算域），以消除开口处产生的漩涡。

另一个应对该警告提示的可行方法是：更改压力开口的边界条件。对每个出口表面加载静压的边界条件，这将对封盖的两侧都加载静压的边界条件。实际上，如果对封盖进行延伸，势必带来一定的压力损失。为了解决该问题，可以采用环境压力作为边界条件。环境压力的边界条件会施加总压到流入模型的封盖表面，并将静压施加到流入模型的封盖表面。这样的边界条件可以提供比静压边界条件更为可靠的结果。

| 知识卡片 | XY 图 | XY 图可以让用户观察参数是如何沿着一个指定方向改变的。用户可以使用曲线和草图（2D 和 3D 草图）来定义方向。数据可以导出为 Excel 文件，该文件可以显示参数图表及数值。图表显示在单独的工作表中，而所有的数值则显示在【图数据】工作表中。 |
| --- | --- | --- |
| | 操作方法 | • 菜单：【工具】/【Flow Simulation】/【结果】/【插入】/【XY 图】。<br>• CommandManager：【Flow Simulation】/【插入】/【XY 图】。<br>• 快捷菜单：在 Flow Simulation 分析树的【结果】下方右键单击【XY 图】并选择【插入】。 |

**步骤50　隐藏"流动迹线1"**　在 Flow Simulation 分析树中的【结果】下方，右键单击【流动迹线】下的"流动迹线1"，选择【隐藏】。

**步骤51　图解显示 XY 图**　前面已经创建了一个 SOLIDWORKS 草图，该草图包含一根穿过歧管的线段，也可以在分析完成之后再创建该草图。在 FeatureManager 设计树中，请注意观察 Sketch-XY Plot。

在 Flow Simulation 分析树的【结果】下方，右键单击【XY 图】并选择【插入】。在【参数】选项组中，选择【静压】和【速度】。在【选择】选项组中，从 FeatureManager 中选择"Sketch-XY Plot"。

保持其他选项为默认值，然后单击【显示】。在窗口底部会打开所选结果的图形窗口，如图 1-55 所示。

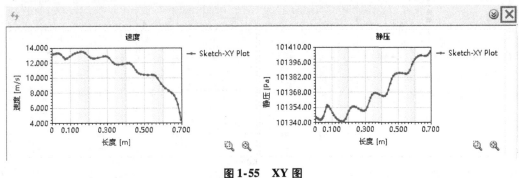

图 1-55　XY 图

单击【关闭】关闭图解窗口。

在【XY 图】PropertyManager 的【选项】中，单击【导出到 Excel】。Microsoft Excel 将会启动并生成两组数据点和两个图表，一个代表【静压】，另一个代表【速度】。用户需要在不同的工作表中进行切换，以观察每个图表的内容，如图 1-56 和图 1-57 所示。

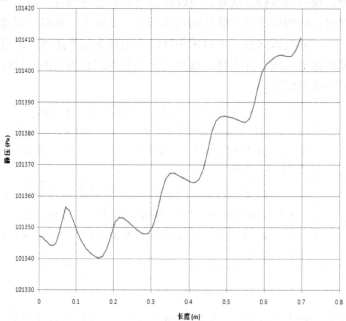

图 1-56　静压-长度图

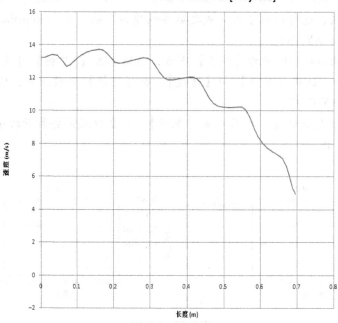

图 1-57　速度-长度图

| 表面参数 | 　　模型中接触流体的任意曲面上作用的压力、力、热流量和其他变量，都可以用表面参数来测定。对这类分析，当计算从阀门入口到出口的平均静压降时，可能会比较有价值。表面参数也可以使用剖面进行计算。如果剖面将模型分成几个闭合的轮廓，则可以分别计算每个参数的表面参数。【切面图】可用于获取表面参数，这样可以避免重新创建假实体来测量流体的整体参数。 |
|---|---|
| 操作方法 | • 菜单：【工具】/【Flow Simulation】/【结果】/【插入】/【表面参数】。<br>• CommandManager：【Flow Simulation】/【插入】/【表面参数】👐。<br>• 快捷菜单：在 Flow Simulation 分析树的【结果】下方右键单击【表面参数】并选择【插入】。 |

**步骤52　生成表面参数**　在 Flow Simulation 分析树的【结果】下方，右键单击【表面参数】并选择【插入】。

在 Flow Simulation 分析树的【边界条件】下方，单击"入口体积流量1"条目。这将会选取并添加入口"封盖1"的表面到【面】列表中。

在【参数】列表中勾选【全部】复选框。

单击【显示】。在窗口底部会显现两个表格，左边的表格包含局部参数，而右边的表格包含的是整体参数。

【局部参数】表格中显示的是入口表面大量参数（包括【静压】、【温度】、【密度】等）的【最小值】、【最大值】、【平均值】和【绝大部分平均】值。如果选取了出口封盖的表面，也会得到相同的信息。

单击屏幕右侧的【关闭】，将这两个表格关闭。

单击【导出到 Excel】。将自动生成一张 Excel 表格，该表格包含【表面参数】窗口中的数值，如图 1-58 所示。

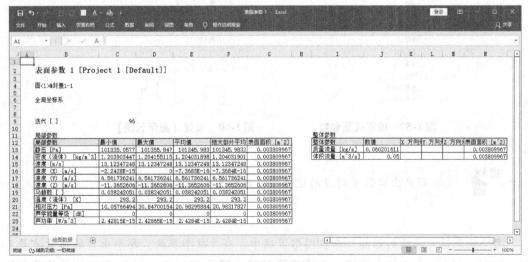

**图1-58　表面参数表**

提示 【整体参数】表格包含从所选表面采集到的综合数值。可以看到，入口面的体积流量等于指定的体积流量的边界条件：0.05m³/s。

**步骤53 计算每个出口的质量流量、体积流量和平均压力** 在 Flow Simulation 分析树的【结果】下，右键单击【表面参数】并选择【插入】。在【选择】中选择【切面图】，从切面图下拉列表中选择【切面图2】，勾选【分离】复选框。在【参数】组框中，选择【体积流量】、【质量流量】和【静压】，如图1-59所示，再单击【显示】。

提示 当剖面将模型分成几个闭合轮廓时，【曲面参数】PropertyManager 中会出现【分离】复选框。

在【显示云图】中，选择与6个出口位置对应的项目（"空气（1）"~"空气（6）"），如图1-60所示，单击【确定】✔。

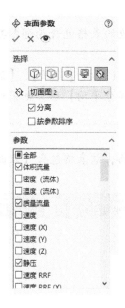

图1-59 设置表面参数

图1-60 设置【显示云图】

提示 用户出口位置对应的空气项目编号可能与图示不同。

每个轮廓选定参数的标签显示在图形区域中。查看每个参数，每个出口的质量流量不同。"空气（6）"出口与主管道之间有平滑过渡，因此"空气（6）"出口处的质量和体积流量处于最大值；"空气（5）"出口和主管道之间没有平滑过渡，因此"空气（5）"出口处的质量和体积流量处于最小值，如图1-61所示。单击【确定】。

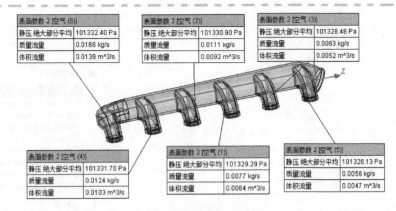

| 表面参数 2[空气 (6)] | |
|---|---|
| 静压 绝大部分平均 | 101332.40 Pa |
| 质量流量 | 0.0168 kg/s |
| 体积流量 | 0.0139 m^3/s |

| 表面参数 2[空气 (2)] | |
|---|---|
| 静压 绝大部分平均 | 101330.90 Pa |
| 质量流量 | 0.0111 kg/s |
| 体积流量 | 0.0092 m^3/s |

| 表面参数 2[空气 (3)] | |
|---|---|
| 静压 绝大部分平均 | 101328.48 Pa |
| 质量流量 | 0.0063 kg/s |
| 体积流量 | 0.0052 m^3/s |

| 表面参数 2[空气 (4)] | |
|---|---|
| 静压 绝大部分平均 | 101331.70 Pa |
| 质量流量 | 0.0124 kg/s |
| 体积流量 | 0.0103 m^3/s |

| 表面参数 2[空气 (1)] | |
|---|---|
| 静压 绝大部分平均 | 101329.29 Pa |
| 质量流量 | 0.0077 kg/s |
| 体积流量 | 0.0064 m^3/s |

| 表面参数 2[空气 (5)] | |
|---|---|
| 静压 绝大部分平均 | 101328.13 Pa |
| 质量流量 | 0.0056 kg/s |
| 体积流量 | 0.0047 m^3/s |

图 1-61　查看表面参数

| 知识卡片 | 目标图 | 目标图可以让用户清楚地看到目标随着流体仿真的变化过程，以及计算结束时目标的最终值。 |
|---|---|---|
| | 操作方法 | • 菜单：【工具】/【Flow Simulation】/【结果】/【目标图】。<br>• CommandManager：【Flow Simulation】/【结果】/【目标图】。<br>• 快捷菜单：在 Flow Simulation 分析树的【结果】下方右键单击【目标图】并选择【插入】。 |

**步骤 54　生成目标图**　在 Flow Simulation 分析树的【结果】下方，右键单击【目标图】，选择【插入】。

在【目标过滤器】中选择【所有目标】，然后在【图的目标】列表中勾选【全部】复选框。

在【选项】下方，勾选【按参数对图表分组】复选框。单击【显示】。

在窗口底部会打开一个包含目标值的表格，如图 1-62 所示。

将显示从【摘要】切换到【历史记录】，如图 1-63 所示。

单击【关闭】☒，关闭目标图窗口。

在【目标图】PropertyManager 中，单击【导出到 Excel】。将自动生成一张 Excel 表格，该表格包含目标的相关信息，如图 1-64 所示。

关闭【目标图】的 PropertyManager。

 提示　　Excel 表格包含求解过程中目标的数值、最大值、最小值及平均值。此外，还有一些图解可以显示目标在计算过程中的变化情况。

负数表示有流体流出了计算域。

这里还可以在计算过程中验证入口体积流量的边界条件是正确的加载。另外，流出的总量等于流入的总量。

34

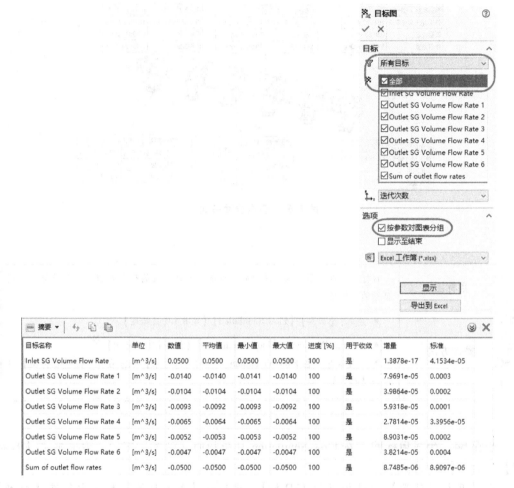

图 1-62　目标图

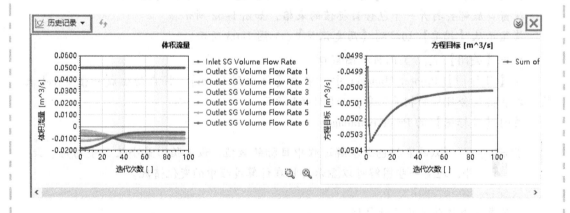

图 1-63　历史记录的目标图

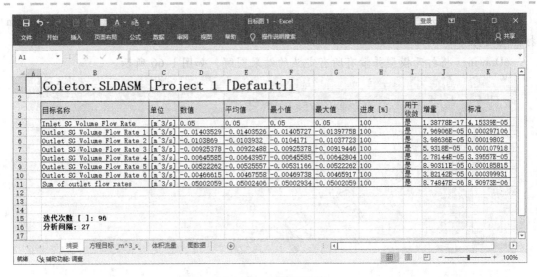

图 1-64　目标图表格

| | 保存图像 | 切面图和表面图这些后处理的图像可以输出为各种图片格式，也可以输出为 eDrawings 格式。 |
|---|---|---|
| 知识卡片 | 操作方法 | • 快捷菜单：右键单击【结果】文件夹并选择【保存图像】。<br>• CommandManager：【Flow Simulation】/【屏幕捕捉】/【保存图像】。<br>• 菜单：【工具】/【Flow Simulation】/【结果】/【屏幕捕捉】/【保存图像】。 |

**步骤 55　保存图像为 eDrawings**　单击【显示】，显示所有结果图解。右键单击【结果】文件夹并选择【保存图像】。选择 eDrawings 作为保存格式，保持默认名称 Project1. easm，如图 1-65 所示。

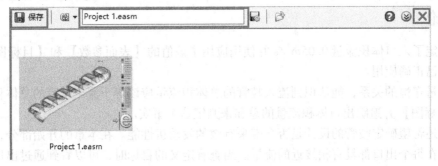

图 1-65　保存图像为 eDrawings

单击【保存】。文件将被保存在与此项目相关的路径中。单击【关闭】，关闭【保存图像】窗口。

**步骤56  打开 eDrawings 文件**  浏览到与此项目相关的路径中，双击 Project1. easm 打开此文件。

eDrawings 将打开模型并带有所有定义的结果图解，如图 1-66 所示。

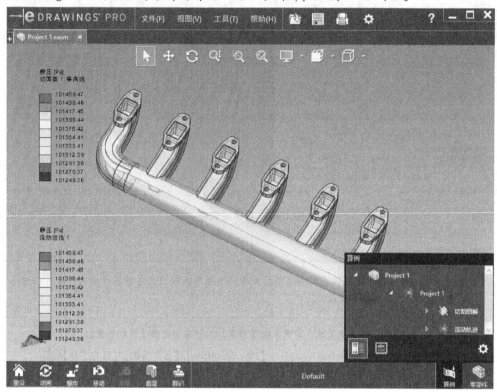

图 1-66  打开 eDrawings 文件

Flow Simulation 特征树上显示的所有图解都包含在内。

**步骤57  保存并关闭该装配体**

## 1.5  讨论

前面指定了入口体积流量 $0.05 \mathrm{m}^3/\mathrm{s}$ 并使用应用了该值的【表面参数】和【目标图】来验证该边界条件已正确应用。

由于质量守恒的关系，能认识到流入歧管的总体积流量应该等于流出歧管的总体积流量。可以应用【目标图】并追踪出口体积流量的总和来判定这个事实。

此外，还希望确定歧管的设计是否会带来有效的发动机性能。在本章的开始部分，提到最理想的状态是在每个出口都具有相接近的流量。当查看定义的目标时，可以看到通过出口的体积流量变化非常剧烈。这时工程师需要做出决定：是否需要修改现有设计，以此来保证流体能够更加均匀地流过每个出口。

## 1.6  总结

在本章中讲解了如何新建 Flow Simulation 项目，使用了【向导】来创建分析中所有的常规设置，定义了入口和出口处的边界条件，还定义了一些求解目标，还采用了 SOLIDWORKS Flow

Simulation 的众多选项，全面地对仿真结果进行了后处理。本章主要介绍了流体仿真的步骤，而且整本书都将沿用这种思路。

## 练习　空调管道

在这个练习中，将运行一次稳态分析，模拟主管通过四个管道向不同房间提供空气的情况。

本练习将应用以下技术：

- 操作步骤。
- 内部流动分析。
- 封盖。
- 检查模型。
- 项目向导。

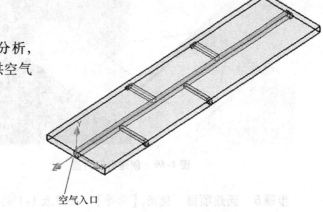

空气入口

图 1-67　风管示意图

**项目描述：**

一个风管用于向 4 个不同房间分配调节空气。调节空气以 4m/s 的速度进入主管道。这个练习的目标是得到 4 个出口不同的体积流量，如图 1-67 所示。

## 操作步骤

**步骤 1　打开装配体文件**　从 Lesson01 \ Exercises 文件夹内打开文件 "Air Duct"。

**步骤 2　在入口表面创建封盖**　在菜单选择【工具】/【Flow Simulation】/【工具】/【创建封盖】📐。

选择入口处的中空矩形面创建封盖，如图 1-68 所示。

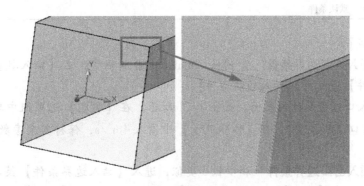

图 1-68　创建入口封盖

调整【厚度】到 20mm，单击【确定】。

**步骤 3　对剩余 5 个出口表面创建封盖**　使用和前面相同的操作步骤，在第一个出口表面创建封盖。使用如图 1-69 所示的中空矩形表面。

使用相同步骤，对剩余 4 个出口创建封盖。

**步骤 4　查看无效的流体几何体**　对这个【内部】分析选择【检查模型】工具，单击【检查】。

几何体应该显示为正确封闭，如图 1-70 所示。

关闭【检查模型】工具。

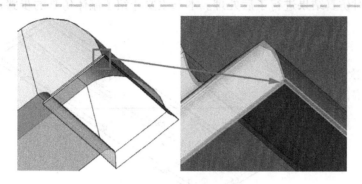

结果
状态：成功。模型正常
分析类型：内部
流体体积：27.549490 m^3
固体体积：385.935440 m^3

图 1-69   创建出口封盖          图 1-70   检查模型结果

**步骤 5   新建项目**   使用【向导】，按照表 1-1 的属性新建一个项目。

表 1-1   项目设置

| 选项 | 设 置 |
| --- | --- |
| 配置名称 | 使用当前的 Default |
| 项目名称 | Air Flow |
| 单位系统 | SI（m-kg-s） |
| 分析类型<br>物理特征 | 内部<br>无 |
| 默认流体 | 在【气体】列表中双击【空气】 |
| 壁面条件 | 在【默认壁面热条件】列表中选择【绝热壁面】<br>设定【粗糙度】为【0μm】 |
| 初始条件 | 默认条件 |

单击【完成】。

**步骤 6   插入入口边界条件**   在 Flow Simulation 分析树中，在【输入数据】下方右键单击【边界条件】并选择【插入边界条件】。

选择空气入口封盖处的内表面，如图 1-71 所示。在【类型】选项组中单击【流动开口】，选择【入口体积流量】。在【体积流量】中输入 4m³/s，保持其余参数值为默认值，单击【确定】。

**步骤 7   插入出口边界条件**   和步骤 6 类似，进入【插入边界条件】菜单，选择第一个出口的内表面。在【类型】选项组中单击【压力开口】，选择【静压】，单击【确定】。

按照同样的方法，对剩余 4 个出口定义出口静压的边界条件。

**步骤 8   对出口插入表面目标**   在 Flow Simulation 分析树中，右键单击【目标】，选择【插入表面目标】。

选择 5 个出口端盖的内表面。勾选【为各个表面创建目标】复选框。在【参数】列表中，找到【体积流量】并勾选旁边的复选框，如图 1-72 所示。

回顾之前提到的技巧，学习使用已经定义好的压力出口来方便地选取所有 5 个表面。

单击【确定】✓。

**步骤 9   重命名出口边界条件**   将新创建的目标重命名为 "SG Outlet Volume Flow Rate 1" "SG Outlet Volume Flow Rate 2" 等，以对应出口的位置。

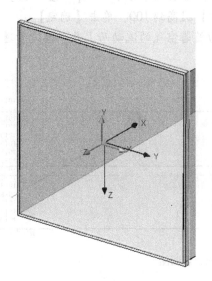

图1-71  插入入口边界条件          图1-72  插入表面目标

**步骤10  插入方程目标**  下面将使用方程目标来计算出口总的体积流量。

在 Flow Simulation 分析树中，右键单击【目标】，选择【插入方程目标】。

在【表达式】中，计算全部5个出口体积流量的总和。表达式如下：

SG Outlet Volume Flow Rate 1 + SG Outlet Volume Flow Rate 2 + SG Outlet Volume Flow Rate 3 + SG Outlet Volume Flow Rate 4 + SG Outlet Volume Flow Rate 5

> 提示  想要插入一个特定目标到【表达式】中，只需在 Flow Simulation 分析树中单击该目标即可。

单击【确定】。

将新建的方程式目标重命名为"Sum of outlet flows"。

**步骤11  设置初始全局网格参数**  在 Flow Simulation 分析树中，在【输入数据】下方展开【网格】文件夹，右键单击【全局网格】并选择【编辑定义】。在【类型】下方保持【自动】选项，在【设置】中保持【初始网格的级别】为3，单击【确定】。

**步骤12  保存文件**  单击【文件】/【保存】，保存该零件文件。

**步骤13  求解 SOLIDWORKS Flow Simulation 项目**  在 Flow Simulation 分析树中，右键单击"Air Flow"并选择【运行】。

确认已经勾选【加载结果】复选框。保留默认的设置，单击【运行】。

求解器大约需要1min进行计算。

**步骤14  设置模型透明度**  在【工具】/【Flow Simulation】菜单中，选择【结果】/【显示】/【透明度】。

移动滑块至右侧，以增加【可设置的值】。将模型的透明度设定为0.75。

单击【确定】。

40

**步骤 15  生成压力切面图**    在 Flow Simulation 分析树中，右键单击【结果】下方的【切面图】并选择【插入】。在【剖面或平面】选项框中选取"Top"基准面。在【等高线】下方保持默认选项【静压】，将【级别数】提高到 100，单击【确定】。

在与入口直接相通的最后一个出口，压力随着空气的流动而上升。侧方管道的压力相对较小，如图 1-73 所示。

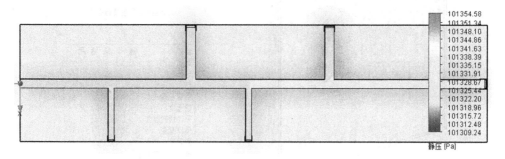

图 1-73  压力切面图

**步骤 16  隐藏切面图**    右键单击"切面图 1"，选择【隐藏】。

**步骤 17  生成速度切面图**    按照和之前相同的步骤，对【速度】生成一个新的切面图，如图 1-74 所示。

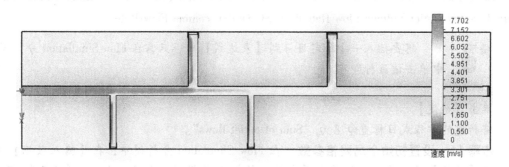

图 1-74  速度切面图

远离入口封盖处的速度呈现逐渐下降的趋势。

**步骤 18  在速度切面图中显示矢量**    对【速度】矢量图【编辑定义】，在【显示】下方取消选择【等高线】，选择【矢量】。

缩放视图到第二个出口位置，如图 1-75 所示。单击【确定】。

提示    注意在这个出口位置有产生回流的可能。

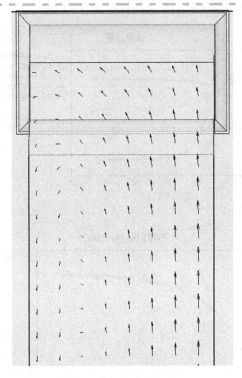

图 1-75　速度矢量图

**步骤 19　生成目标图**　在 Flow Simulation 分析树中，在【结果】下方右键单击【目标图】并选择【插入】。

在【目标过滤器】中选择【所有目标】，在【图的目标】列表中勾选【全部】复选框。在【选项】下方勾选【按参数对图表分组】复选框。

单击【显示】。目标数值表将呈现在屏幕底部，如图 1-76 所示。

| 摘要 ▾ | ⟳ | 📋 | 📋 | | | | |
|---|---|---|---|---|---|---|
| 目标名称 | 单位 | 数值 | 平均值 | 最小值 | 最大值 | 进度 [%] |
| SG Outlet Volume Flow Rate 3 | [m^3/s] | -0.4609 | -0.4612 | -0.4619 | -0.4606 | 100 |
| SG Outlet Volume Flow Rate 5 | [m^3/s] | -1.7363 | -1.7362 | -1.7367 | -1.7353 | 100 |
| SG Outlet Volume Flow Rate 2 | [m^3/s] | -0.5680 | -0.5678 | -0.5714 | -0.5646 | 100 |
| SG Outlet Volume Flow Rate 1 | [m^3/s] | -0.3053 | -0.3051 | -0.3067 | -0.3030 | 100 |
| SG Outlet Volume Flow Rate 4 | [m^3/s] | -0.9309 | -0.9314 | -0.9325 | -0.9301 | 100 |
| Sum of outlet flows | [m^3/s] | -4.0014 | -4.0016 | -4.0021 | -4.0014 | 100 |

图 1-76　目标数值表

将视图从【摘要】改为【历史记录】，如图 1-77 所示。

在【目标图】的 PropertyManager 单击【关闭】。

**步骤 20　保存并关闭**　保存并关闭该零件文件。

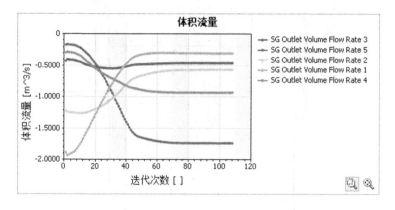

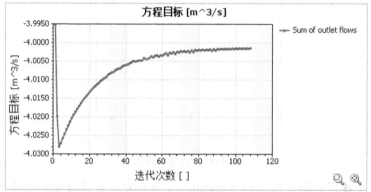

图1-77   历史记录图

# 第2章 网格划分

**学习目标**

- 在存在薄壁和细缝的情况下生成适当的网格
- 使用网格特征
- 显示网格
- 应用手工网格控制并使用控制平面

## 2.1 实例分析：化工头罩

本章将介绍 SOLIDWORKS Flow Simulation 中不同的网格控制方法。用户将学习很多 SOLIDWORKS Flow Simulation 提供的手工划分网格的选项，以帮助用户分析带有细小几何体和物理特征的复杂问题。如果采用自动化的网格设置，求解这类问题时需要耗费大量的计算资源。手工设置可以让用户更有效地分析这些问题。

## 2.2 项目描述

图 2-1 所示为一个化工头罩模型。在底部的蓝色喷射器中发生化学反应，并将气体释放到外

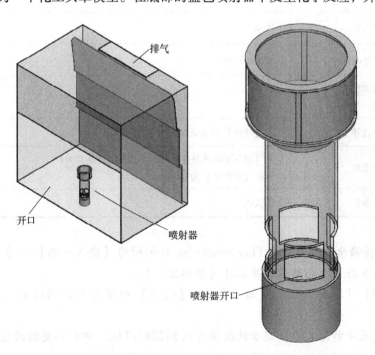

**图 2-1 化工头罩模型**

界。头罩的前面有一个开口，排气扇会在顶部开口处产生体积流量。此外，在入口和出口之间有 3 个薄的挡板。本章的目的是划分一套适当的网格，使之可以正确捕捉小的喷射器开口、薄挡板以及模型的剩余部分。在求解小尺寸几何体时，网格必须足够小，同时也必须兼顾计算机的资源不被耗尽，因此网格又必须保证足够大。

该项目的关键步骤如下：

（1）检查几何体　在网格划分之前，必须事先标定关注区域的间隙或薄壁。

（2）创建项目　使用【向导】创建一个项目。

（3）更改初始网格设置　用户可以更改初始网格设置，以处理薄壁和间隙。

（4）划分模型网格　网格生成完毕后，用户可以评估是否有必要进一步细化网格。如果网格质量已经足够好，则可以立即运行此分析。

（5）运行流体仿真

---

**操作步骤**

**步骤 1　打开装配体文件**　从文件夹 Lesson02 \ Case Study 下打开文件 "Ejector in Exhaust Hood"。

**步骤 2　使用向导创建项目**　从【Flow Simulation】菜单中，选择【项目】/【向导】。项目设置见表 2-1。

扫码看视频

表 2-1　项目设置

| 选项 | 设　　置 |
|------|----------|
| 配置名称 | 选择 Hood mesh 配置 |
| 项目名称 | Mesh 1 |
| 单位系统 | SI（m-kg-s） |
| 分析类型<br>物理特征 | 内部<br>无 |
| 默认流体 | 在【气体】列表中双击【空气】 |
| 壁面条件 | 在【默认壁面热条件】列表中选择【绝热壁面】<br>设定【粗糙度】为【0μm】 |
| 初始条件 | 默认值 |

**步骤 3　检查全局网格**　在 Flow Simulation 分析树的【输入数据】下方展开【网格】文件夹，右键单击【全局网格】并选择【编辑定义】。

在【类型】中保持默认的【自动】，在【设置】中保持默认的级别为 3，如图 2-2 所示。

注意到【最小缝隙尺寸】显示的数值为 0.812287733m，但请不要激活这个参数。

Flow Simulation 会读取这个计算域的参数并相应地调整这个数值。

单击【确定】✓。

**步骤 4 插入边界条件**（1） 在 Flow Simulation 分析树中，右键单击【输入数据】下方的边界条件，选择【插入边界条件】。

选择头罩开口的内侧表面，在【类型】中单击【压力开口】◉，并选择【环境压力】，如图 2-3 所示。

**步骤 5 插入边界条件**（2） 在 Flow Simulation 分析树中，右键单击【输入数据】下方的【边界条件】，选择【插入边界条件】。

选择出口端的内侧表面。

图 2-2 全局网格设置

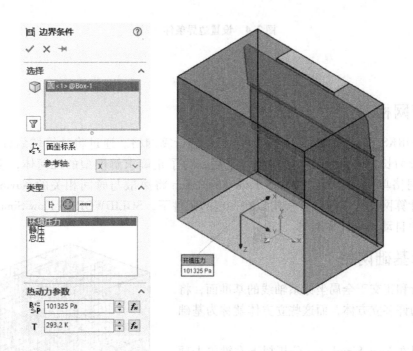

图 2-3 设置边界条件（1）

在【边界条件】属性框中，单击【类型】下方的【流动开口】▷。在【类型】下方选择【出口体积流量】。在【流动参数】选项组中，输入 $0.5\mathrm{m^3/s}$，如图 2-4 所示。单击【确定】✓。

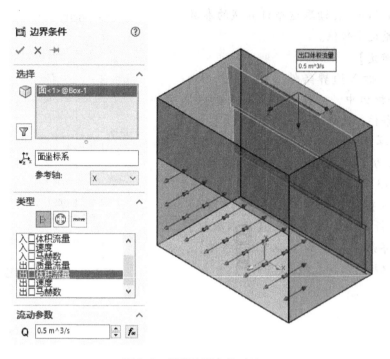

**图 2-4　设置边界条件（2）**

## 2.3　计算网格

SOLIDWORKS Flow Simulation 会自动生成一套计算网格。通过将计算域划分为很多切片，并进一步细分为长方体单元来产生网格。之后，为了正确求解模型的几何体，软件会根据需要再次细分网格单元。SOLIDWORKS Flow Simulation 将离散与时间相关的 Navier-Stokes 方程组，并基于计算网格来求解该方程组。在一定的条件下，SOLIDWORKS Flow Simulation 将在计算流动过程中自动细化计算网格。

## 2.4　显示基础网格

通过平行和正交于全局坐标系轴线的基准面，将计算域切分为许多立方体，而这些立方体就称为基础网格。

用户可以在 Flow Simulation 分析树下右键单击项目名称，然后选择【显示基础网格】，或在全局网格的 PropertyManager 中勾选【显示基础网格】复选框以查看基础网格，如图 2-5 所示。

## 2.5　初始网格

按照指定的网格设置来细化基础网格单元，从而形成初始网格。

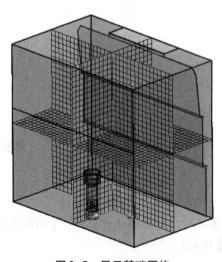

**图 2-5　显示基础网格**

这套网格之所以被称为初始网格，是因为计算时以该网格为起点，而且如果在求解中开启了自适应网格选项，则这套初始网格在计算过程中还会进一步优化。初始网格可以基于【全局网格】和【局部网格】设置进行创建。

虽然自动生成的网格通常是够用的，但是细小几何体特征可能产生相当庞大的单元数量，从而导致物理内存使用量激增，或者超出用户计算机的内存极限。

<table>
<tr><td rowspan="4">知识卡片</td><td>全局网格</td><td>【全局网格】控制全局（整个计算域）基础网格的精度。它由【全局网格】PropertyManager 中的一组参数进行控制。</td></tr>
<tr><td rowspan="3">操作方法</td><td>• 快捷菜单：在 Flow Simulation 分析树中展开【网格】文件夹，右键单击【全局网格】并选择【编辑定义】。</td></tr>
<tr><td>• CommandManager：【Flow Simulation】/【全局网格】⊞。</td></tr>
<tr><td>• 菜单：【工具】/【Flow Simulation】/【全局网格】。</td></tr>
</table>

**步骤6　查看初始全局网格设置**（1）　与步骤3类似，右键单击【全局网格】并选择【编辑定义】。

注意到【最小缝隙尺寸】显示的数值为 0.1524m，但同样不要激活这个参数。单击【确定】。

提示☝　流体仿真可以识别并更改默认的最小间隙尺寸，使之等于出口的宽度。

## 2.6　模型精度

网格的模型精度是网格设计中的重要一环。用户必须掌握影响流动结果的最小几何特征的大小，以及如何得到足够精度的求解用网格。

## 2.7　最小缝隙尺寸

在【全局网格】中如果选择了【自动】设置，SOLIDWORKS Flow Simulation 将使用整个模型的尺寸、计算域、用户指定边界条件和目标时的面组等信息来计算默认的【最小缝隙尺寸】。然而，这些信息也许还不足以识别相对小的缝隙，这可能导致得到不精确的结果。在这样的情况下，必须手工指定【最小缝隙尺寸】。

## 2.8　最小壁面厚度

最小壁面厚度与最小缝隙尺寸的功能接近。然而，由于最新的网格和求解技术的发展，它对流动结果的影响相对较小。为了使用这个参数，用户需要进入【工具】/【Flow Simulation】/【工具】/【选项】，并在【常规选项】中设置【显示/隐藏壁面厚度】为【显示】。

**步骤7　插入边界条件**（3）　在 Flow Simulation 分析树中，在【输入数据】下方右键单击【边界条件】并选择【插入边界条件】。

请选择喷射器入口处的微小表面。选择【类型】选项组中的【流动开口】 $\boxed{\text{F}}$ 。在【类型】下选择【入口体积流量】。在【流动参数】选项组中单击【垂直于面】 $\boxed{\leftrightarrow}$ 并输入 $6 \times 10^{-5}\,\text{m}^3/\text{s}$ 。单击【确定】 $\checkmark$ ，如图2-6 所示。

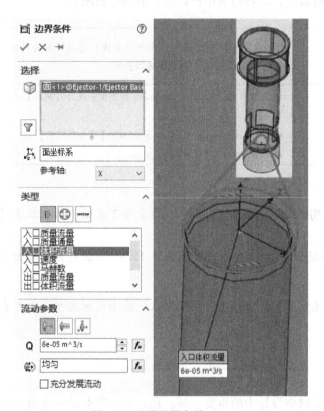

图 2-6 设置边界条件（3）

> 提示 🖑 喷射器内部将发生化学反应，并通过微小的开口将气体释放到化工头罩中。

**步骤8 查看初始全局网格设置（2）** 与步骤3类似，右键单击【全局网格】并选择【编辑定义】。

注意到【最小缝隙尺寸】显示的数值为 0.00136m，但同样不要激活这个参数。

单击【确定】。

> 提示 🖑 因为对微小表面添加了另外一个边界条件，默认的最小缝隙尺寸已经更改为入口表面的直径。

现在可以接受当前的默认网格设置并尝试进行求解，所有小的缝隙也都会被妥善处理。在尝试进行网格划分和求解时，如果模型和最小缝隙尺寸的宽高比很大时，通常会经历漫长的计算并耗尽计算机资源。所有小缝隙都会被妥善处理，然而在没有必要的区域也会生成很多单元。此外，如果模型和最小缝隙尺寸的宽高比大于 1 000，Flow Simulation 可能无法正确划分网格。

图 2-7 所示为采用这些网格设置生成的网格切面图，网格包含超过 600000 个单元。下面使用自定义设置的【最小缝隙尺寸】，而不是使用现在的网格设置。

在进行计算之前，建议用户检查几何精细度，确保细小的特征能够被正确识别。

用户可以使用【最小缝隙尺寸】或【最小壁面厚度】，并在计算网格中求解这些特征。

> 技巧
> 对于内部流动分析，通常能够正确捕捉内部流动和环境大气间的边界，因为 SOLIDWORKS Flow Simulation 能够区分内部流动体积和环境大气。如果用户的模型不包含两侧与流体接触的薄壁，并且也不包含突出到流体中的细小特征，则没必要更改最小壁厚的数值。

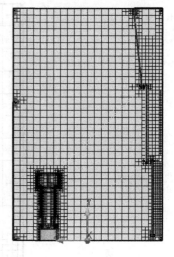

图 2-7　网格切面图（1）

---

**步骤 9　查看模型几何体**　由于喷射器的出口非常小，如果采用最小缝隙尺寸的默认设置，将产生过量的网格划分。尽管在这个区域有必要采用更多的划分，然而对整个模型而言，网格数量还是有些超标。应当全面查看一下整个模型，并选择一个更加合适的最小缝隙尺寸，如图 2-8 所示。

除了喷射器入口表面之外，模型中的最小缝隙位于头罩的薄挡板之间。可以使用该尺寸作为【最小缝隙尺寸】。

**步骤 10　初始全局网格设置**（1）　与步骤 3 类似，右键单击【全局网格】并选择【编辑定义】。

单击【最小缝隙尺寸】💠并输入 0.0204216m。

单击【确定】✔。

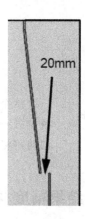

图 2-8　缝隙

**步骤 11　划分网格**（1）　单击【运行】，不勾选【求解】复选框并单击【运行】。这将只划分模型的网格。

**步骤 12　生成切面图**（1）　计算完成后，右键单击【结果】下的【切面图】并选择【插入】。

在【选择】选项的【剖切平面、平的面或曲线】组框中选择 "CENTERLINE" 基准面，单击【确定】。

最终生成的网格大约包含 65000 个流体单元和 34800 个接触固体的流体单元。这比采用自动设置生成的网格数量要少很多。可以看到薄挡板之间的缝隙周围生成的网格分布很好，但是喷射器内部的网格显得太疏松，无法完成可靠的计算。这也是我们非常感兴趣的区域，因为我们很想知道气体是如何从喷射器中冒出，以及在剩余流体区域中是如何分布的，如图 2-9 所示。

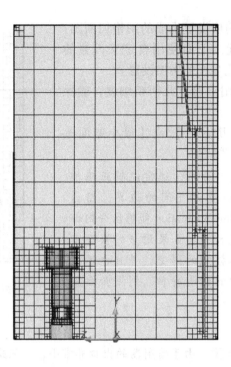

**图 2-9　网格切面图（2）**

讨论

> 这个模型可以区分为两个不同的部分：一个是包含薄挡板的宽大开放区域，另一个是包含细小几何特征的喷射器区域。这些区域差异很大，因此它们的网格也应不同。用户需要通过调节【初始网格的级别】来解决这个问题。

## 2.9　结果精度/初始网格的级别

【结果精度】或【初始网格的级别】选项可以通过网格设置和收敛准则来控制求解精度。用户在指定结果的精度级别时，需要权衡所需的求解精度、可用的 CPU 时间以及计算机内存。由于该设置会影响到生成网格的单元数量，因此如果要想得到更准确的结果，就需要更长的 CPU 时间和更多的计算机内存。

> 提示　如果用户在【最小缝隙尺寸】和【最小壁面厚度】中指定非常小的数值，网格的单元数量会激增，从而导致更多的内存使用量和更长的 CPU 时间。

在使用【初始网格的级别】滑块时，用户可以选择 7 个级别中的一个，如图 2-10 所示。第 1 个级别可以最快地获得计算结果，但是其精度可能非常低。第 7 个级别可以获得最精确的结果，但是需要更长的时间以达到收敛。设置能够得到收敛

**图 2-10　设置初始网格级别**

结果的精度级别也取决于执行的是哪种任务。对绝大多数任务而言，可以从第 3 个级别开始计算，一般都能得到稳定的收敛结果。然而，某些类型的任务需要提高结果的精度级别（例如在光滑曲面带有脱流的外部流动）。

---

**步骤 13  初始全局网格设置**（2）  与步骤 3 类似，右键单击【全局网格】并选择【编辑定义】。

调节【初始网格的级别】到 5，单击【确定】。

**步骤 14  划分网格**（2）  单击【运行】，不勾选【求解】复选框并选择【运行】。

**步骤 15  生成切面图**（2）  显示之前生成的"切面图 1"。新建的网格包含约 216000个流体单元，以及 72400 个接触固体的流体单元。这大大低于采用默认设置生成的网格数量。此外，喷射器内部的网格分布也很好，如图 2-11 所示。

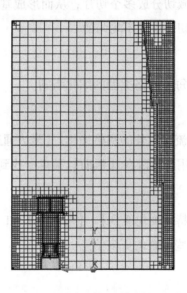

**图 2-11  网格切面图**（3）

---

讨论？  现在可以执行这个分析，然而 288000 个单元仍然偏多。此外，在很多流体变化不太明显的区域，没有必要划分过多的网格。可以尝试通过关闭【全局网格设置】下的【自动】选项并手工设置网格来解决这个问题。

## 2.9.1  手动全局网格设置

全局网格的自动设置用于在整个计算域中控制网格选项。在全局网格设置中激活【手动】选项，可以提供给用户四个选项来完成手动定义网格。

- 基础网格。
- 通道。
- 细化网格。
- 高级细化。

## 2.9.2 网格类型

SOLIDWORKS Flow Simulation 使用以下四种类型的立方体网格：

- 流体网格——整个网格都位于流体中。
- 固体网格——整个网格都位于固体中。
- 部分网格——网格的一部分位于流体中，而另一部分位于固体中。对于部分网格而言：它是由固体与网格的边线、网格内的固体表面以及垂直于固体表面的部分相交而成。
  - 不规则网格——具有未定义固体表面法向线的部分网格称之为不规则网格。

## 2.9.3 基础网格

【基础网格】设置可以定义基础网格是如何创建的。用户可以在全局 X、Y 和 Z 方向指定多个网格，通过网格基准面将计算域切分成多个切片，从而形成基础网格。默认情况下，网格基准面是手工指定的，因此计算域的切分也是不均匀的。

## 2.9.4 细化网格

【细化网格】的设置详述了每种网格类型的细化级别。

## 2.9.5 通道

【通道】设置指定了对模型流道额外的网格细化。【最大通道细化级别】则定义了流道中相对于基础网格的最小网格尺寸，用户可以在【帮助】菜单中找到更多有关这些设置的介绍。

## 2.9.6 高级细化

这些选项定义了【细小固体特征细化级别】、【弯曲度】和【耐受度】的细化级别。用户可以在【帮助】菜单中找到有关这些设置的更多信息。

## 2.9.7 高级通道细化

【高级通道细化】选项位于【全局网格】的自动设置中。该选项会设置为默认的【最大通道细化级别】，该级别比【公差细化】刚好高一级。

---

**步骤16 初始网格设置** 与步骤3类似，右键单击【全局网格】并选择【编辑定义】。

单击【手动】设置图标。在【通道】中，设置【最大通道细化级别】为1。这将减少薄挡板和头罩后壁之间的网格数量。单击【确定】。

**步骤17 划分网格**（3） 单击【运行】，不勾选【求解】复选框并选择【网格】，然后选择【运行】。这将确保只划分模型的网格。

**步骤18 生成切面图**（3） 显示之前生成的"切面图 1"。新建的网格大约包含 85750 个流体单元，以及 39800 个接触固体的流体单元。喷射器区域的网格还是有点稀疏，特别是在入口附近，如图2-12所示。

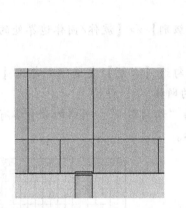
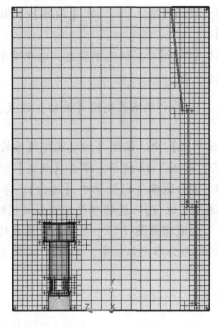

图 2-12　网格切面图（4）

讨论

　　喷射器入口的网格分布仍不理想，需要找到一种方法，只对这个区域进行网格加密，而不影响其他地方的网格密度。要达到该目的，需要使用 SOLIDWORKS Flow Simulation 的【局部网格】特征。

| 知识卡片 | | |
|---|---|---|
| | 局部网格 | 　　【局部网格】选项的目的是在局部区域（固体或流体）对网格进行重新划分。局部区域可以通过零部件、面、边线或顶点来定义。局部网格设置应用的对象是：所关注的零部件、面、边线的所有单元或包围所选顶点的一个单元。<br>　　如果用户喜欢在整个流体区域生成网格，则需要用到 SOLIDWORKS 的实体特征来代表流体。用户必须记得后续在【工具】/【Flow Simulation】/【组件控制】中禁用这个代表流体区域的实体零部件。一旦在 SOLIDWROKS Flow Simulation 中完成了禁用操作，用户就可以在【局部网格】选项中选择代表流体区域的 SOLID-WORKS 零部件。<br>　　局部网格设置不会影响基础网格，但对基础网格也是相当敏感的，所有细化级别都是基于基础网格进行设置的。 |
| | 操作方法 | ● 快捷菜单：在 Flow Simulation 分析树中展开【网格】文件夹，右键单击【全局网格】并选择【插入局部网格】。<br>● 菜单：【工具】/【Flow Simulation】/【插入】/【局部网格】。<br>● CommandManager：【Flow Simulation】/【Flow Simulation 特征】／【局部网格】。 |

**步骤19　局部网格**（1）　从【工具】/【Flow Simulation】菜单中，单击【插入】/【局部网格】。

保持默认【参考】📦被选中状态，选中喷射器的小入口面，或使用定义入口的边界条件来选择这个面。

> 提示　局部网格值使用【手动】设置。

在【细化网格】中，设置【细化流体网格的级别】和【流体/固体边界处的网格细化级别】都为7，如图2-13所示。单击【确定】✔。

**步骤20　划分网格**（4）　单击【运行】，不勾选【求解】复选框并勾选【网格】复选框，然后选择【运行】。这将确保只划分模型的网格。

**步骤21　生成切面图**（4）　显示之前生成的"切面图1"，网格的数量略有增加，但在入口区域的网格分布更加细密，如图2-14所示。

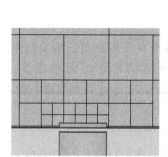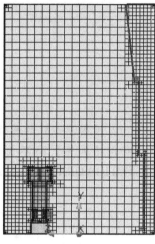

图2-13　局部网格设置　　　　　　图2-14　网格切面图（5）

## 2.10　控制平面

前面提到，通过平行和正交于全局坐标系轴线的基准面，将计算域切分为许多立方体，而这些立方体就称为基础网格。【全局网格】中的【基础网格】选项卡，主要设置这些平面是如何定义的。

在默认状态下，模型的 X、Y、Z 方向有三个【控制间隔】，以指定网格的分布。【最小值】和【最大值】中的数值分别指定切分开始和结束的位置。图2-15 所示为 X 方向默认最大和最小控制平面。注意，它们都位于计算域的边界上。

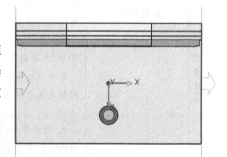

图2-15　X 方向默认最大和最小控制平面

可以在计算域中添加更多的【控制间隔】，以定义更多的切分平面。可以在屏幕中单击任意点来定义平面的位置，也可以选择现有参考几何体作为平面的位置。此外，用户还可以通过编辑

【网格数】或【比】来指定网格的增长方式，如图 2-16 所示。

图 2-16　设置控制间隔

讨论？ 　　虽然生成的网格在入口周围分布良好，但是在入口面的分布并不对称，这可能带来边界条件方面的问题。网格最好是相对于小面积喷射器入口孔的中心对称分布的。因此，需要在孔的中心创建一个基准面，确保网格是沿着孔的中心进行切分的。

**步骤22　插入控制平面**　与步骤 3 类似，右键单击【全局网格】并选择【编辑定义】。单击【控制平面】。

因为希望添加一个基准面到指定位置，先将表格展现形式从【区间】切换到【平面】。

因为希望创建的平面平行于 XY 基准面，单击【坐标 Z】 。

因为还希望添加的平面通过入口的中心，单击【参考】 ，选择喷射孔入口的圆形边线，如图 2-17 所示。

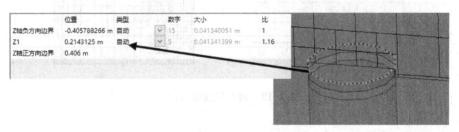

图 2-17　创建控制平面

提示 　　如果控制平面的位置由它的 Z 坐标值确定，则将会用到【添加平面】 。

如果要查看添加的控制平面的间隔，则将表格展现形式从【平面】切换到【区间】。控制【区间】列表当前在 Z 方向显示两组平面面组。第一组开始于计算域的一个端面，结束于孔的中心。第二组开始于孔的中心，结束于计算域的另一个端面。

在【控制平面】对话框中单击【确定】。

单击【确定】，关闭【全局网格设置的】PropertyManager，如图 2-18 所示。

**步骤23　划分网格**（5）　单击【运行】，不勾选【求解】复选框并勾选【网格】复选框，单击【运行】。这将确保只划分模型的网格。

**步骤24　生成切面图**（5）　显示之前生成的"切面图 1"，这次生成的网格和上次的结果非常相似，然而这次的网格单元是沿入口小孔对称分布的，如图 2-19 所示。

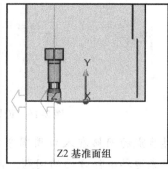

图 2-18    Z 方向的两组基准面

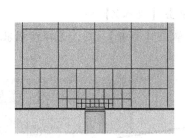
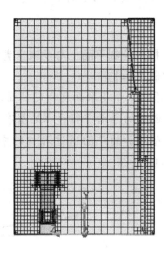

图 2-19    网格切面图（6）

如果再创建一个基于 Top 基准面的切面图，可以看到网格沿着 XZ 基准面也是对称的，如图 2-20 所示。

采用这些网格设置，可以对模型的几何体进行正确地分解。当创建一套网格时，正确分解模型的几何体是非常重要的，然而能够正确捕捉细小流动特性的区域网格划分也同样重要。一小股气流通过小孔流入喷射器中。这意味着喷射器内部的细小流动特性可能无法呈现在整个模型中。需要再一次对喷射器使用【局部网格】，在整个模型的网格划分不大量增加的前提下，应正确划分喷射器的网格。为了达到这一目的，必须创建一个包围住喷射器的 SOLIDWORKS 零件，以定义局部网格的区域。

讨论

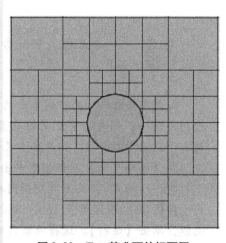

图 2-20    Top 基准面的切面图

**步骤 25　解压缩零件**　在 FeatureManager 设计树中右键单击零件 "LocalMesh2" 并选择【解压缩】。

这时会弹出一个错误信息，告诉用户入口体积流量的条件不再和流体区域相关联。

单击两次【关闭】以关闭这个错误信息。

**讨论?**　　出现这个错误信息的原因是，新添加的 "LocalMesh2" 零件完全包围了喷射器，并影响了其余流体区域中喷射器入口的边界条件。这里只是想利用 "LocalMesh2" 零件来定义局部网格，并不想在计算中包含该实体。

| 知识卡片 | 组件控制 | 如果用户不想包含 SOLIDWORKS 几何体在仿真计算中，则必须使用【组件控制】来禁用该几何体。在流体区域是由一个 SOLIDWORKS 零件来定义局部网格时，经常会碰到这种情况，如图 2-21 所示。<br><br>在没有实体存在的区域设置【目标】时，也将碰到这种情况。如果需要设置这种目标，则必须创建一个虚拟的 SOLIDWORKS 零件，以标明关注的区域。该目标将设定在区域的表面，然后再使用【组件控制】将此区域禁用。 | <br>图 2-21　组件控制 |
|---|---|---|---|
| | 操作方法 | • 菜单：【工具】/【Flow Simulation】/【组件控制】。<br>• 快捷菜单：在 Flow Simulation 分析树中，右键单击【输入数据】并选择【组件控制】。 | |

**步骤 26　组件控制**　在【工具】/【Flow Simulation】菜单中，选择【组件控制】。

取消勾选组件 "LocalMesh2" 旁边的复选框，该组件将被视为流体区域。

单击【确定】以关闭【组件控制】属性框。

**步骤 27　重建**　右键单击 Flow Simulation 分析树中 Flow Simulation 的项目名称 "Mesh1"，选择【重建】进行重建。

**步骤 28　局部网格 (2)**　从【工具】/【Flow Simulation】菜单中，选择【插入】/【局部网格】。从 FeatureManager 设计树中选择 "LocalMesh2"。在【通道】中，指定【跨通道网格特征数】为 15。拖动滑块设置【最大通道细化级别】为 3。单击【确定】。

**提示**　　当在流体区域使用一个零件来创建【局部网格】时，该组件在【组件控制】中是自动被禁用的。

**步骤 29　划分网格 (6)**　单击【运行】，不勾选【求解】复选框并选择【运行】，这将确保只划分模型的网格。

**步骤 30　生成切面图 (6)**　显示之前生成的 "切面图 1"，该网格包含约 115000 个流体单元和 48000 个包含固体的流体单元。该网格在喷射器中的细小几何体及流动特性方面都处理得很好，如图 2-22 所示。

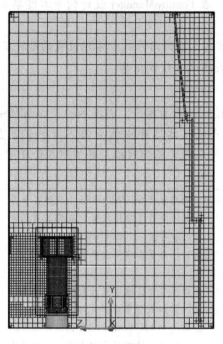

图 2-22　网格切面图（7）

由第 29 步生成的网格已经可以用于获得可靠的结果。有些时候，手工设
计得出的网格并不一定是最有效的方法，可以考虑使用自动网格细化和粗化
的方法。

讨论

| 知识卡片 | 自适应网格 | 在复杂区域，为了获得更高的精度，特别是存在高梯度的区域，可以使用自适应网格。当开启自适应网格时，软件会基于局部梯度和其他求解特征自动地细化或粗化网格。自适应网格可以应用于整个区域，或只针对局部区域。 |
|---|---|---|
| | 操作方法 | • 快捷菜单：在 Flow Simulation 分析树中，右键单击【输入数据】，选择【计算控制选项】并选择【细化】选项卡。<br>• 菜单：【工具】/【Flow Simulation】/【计算控制选项】。<br>• CommandManager：【Flow Simulation】/【计算控制选项】[图标]并选择【细化】选项卡。 |

**步骤31　自适应网格**　右键单击【输入数据】，选择【计算控制选项】，单击【细化】选项卡。

保持自适应细化的【全局域】为【已禁用】。展开【局部区域】，对【局部网格2】指定【级别 =2】。设置【近似最大网格】数量为750000。【细化策略】选择【周期性】。

保持其余选项为默认设置。单击【确定】。

> **提示**　【级别】的设置可以控制初始网格单元（当前指的是步骤29中设定的结果）可以划分的次数，以达到结果自适应细化的标准，从而控制最小计算网格单元的尺寸。

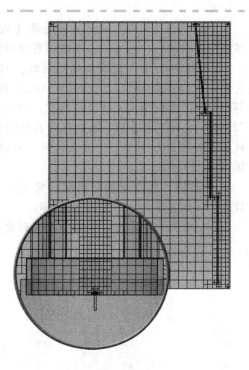

**步骤32　运行**　现在，为了查看细化后的网格，需要进行计算来适应性地细化网格。

由于需要的时间较长，本实例已经事先计算出结果，下面将使用这些结果来进行后处理。

**步骤33　激活项目**　激活项目 Completed。

**步骤34　加载结果**　右键单击【结果】文件夹并选择【加载】。

**步骤35　生成切面图（7）**　显示已创建好的 "Cut Plot 1"，网格进行了更彻底地细化，如图2-23所示。

图 2-23　网格切面图（8）

从局部放大的视图中看到，在靠近喷射器入口的地方有更多网格，如图2-24所示。

**步骤36　查看网格参数**　为了确定最终网格的数量，右键单击【结果】文件夹并选择【摘要】。网格包含大约136000个流体单元，以及50700个接触固体的流体单元。在检测到高梯度的区域，自适应算法有效地划分了网格，如图2-25所示。

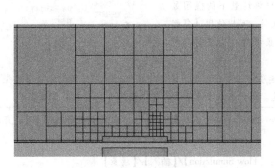

图 2-24　局部放大视图

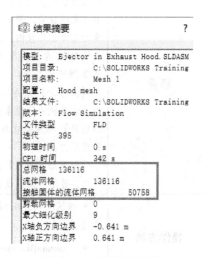

图 2-25　查看网格参数

**步骤37　查看结果文件参数**　当然，用户也可以通过已有的【结果】文件直接获取网格单元的数量。

右键单击【结果】文件夹并选择【从文件加载】。文件夹中包含 *. cpt 和 *. fld 文件。单击它们中的任一个文件，在右侧窗口中可以查看其摘要信息。

"r_000000.cpt" 包含初始的网格，网格的数量等于步骤 30 中的值。"r_000000.fld" 包含初始的流动结果。其余的"r_xxxxxx. fld 和 r_xxxxxx. cpt"文件是求解器在得到结果的求解过程中产生的中间文件。在这里，它们对应着网格被自适应算法细化的实例。类似地，"1. cpt"文件包含最后一次迭代开始时的网格。"1.fld"包含最后的收敛结果以及最终的网格，如图 2-26 所示。单击该文件，可以查看最终的网格数量大约为 136000，这在步骤 36 中已经显示过了。

**步骤38 生成速度切面图** 定义一个新的【切面图】显示【速度】。选择"CEN-TERLINE"基准面，如图 2-27 所示。

在这个切面图中可以很容易观察到更高的流体速度。

图 2-26 结果文件参数　　　　图 2-27 速度切面图

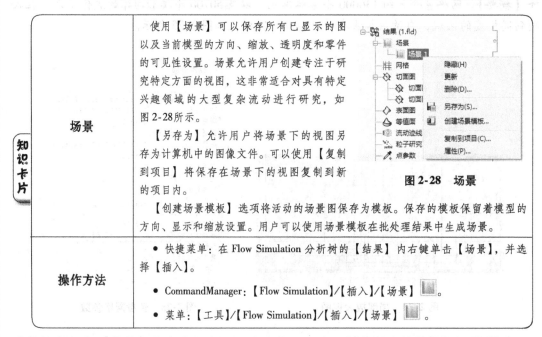

**知识卡片**

| | |
|---|---|
| 场景 | 使用【场景】可以保存所有已显示的图以及当前模型的方向、缩放、透明度和零件的可见性设置。场景允许用户创建专注于研究特定方面的视图，这非常适合对具有特定兴趣领域的大型复杂流动进行研究，如图 2-28 所示。<br><br>【另存为】允许用户将场景下的视图另存为计算机中的图像文件。可以使用【复制到项目】将保存在场景下的视图复制到新的项目内。<br><br>【创建场景模板】选项将活动的场景图保存为模板。保存的模板保留着模型的方向、显示和缩放设置。用户可以使用场景模板在批处理结果中生成场景。 |
| 操作方法 | • 快捷菜单：在 Flow Simulation 分析树的【结果】内右键单击【场景】，并选择【插入】。<br>• CommandManager：【Flow Simulation】/【插入】/【场景】。<br>• 菜单：【工具】/【Flow Simulation】/【插入】/【场景】。 |

图 2-28 场景

**步骤39 创建场景图** 缩放视图到微小的开口，以查看流体是如何通过小开口流动的。右键单击【场景】，再单击【插入】。在步骤38中创建的切面图被保存为"场景1"。

**步骤40　隐藏场景图**　右键单击"场景1"，再单击【隐藏】。更改模型的方向并进行缩放。

**步骤41　显示"场景1"**　右键单击"场景1"，再单击【显示】。"场景1"图在图形区域中变为可见，这时模型的设置与之前的设置相同，如图2-29所示。

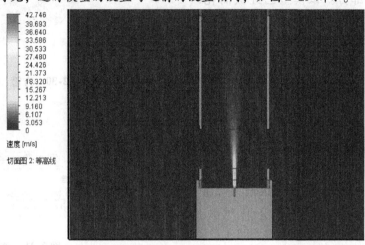

图 2-29 　显示"场景1"

**步骤42　保存并关闭文件**

## 2.11　总结

本章的总体目标是介绍在使用 Flow Simulation 时，如何生成有质量网格的一些选项。尽管使用自动的网格设置能满足绝大多数的模型，但是当模型含有多个区域需要不同的网格设置时就显得不适用了。在这种情况下，如果还采用自动的网格设置，则可能需要耗费巨大的计算机资源，从而导致问题无法求解。为了解决这个问题，本章介绍了如何手工设置网格。

本章还介绍了一套有质量的网格不但需要对模型几何体进行正确划分，还需要对流动特性进行精确解析，使用局部网格来正确解析模型的几何体和流动特性。

必须牢记，对于喷射器这类几何体，要想生成一套适用的网格可能是非常困难的。当定义网格设置时，本章采用的常用技术就是试错法。

还有一点也是非常重要的，即流体仿真的结果精度很大程度上取决于网格的质量。多花点儿时间放在使用手工设置或局部网格上面，确保正确地求解模型的几何体和流动特性，不但可以得到更加精确的结果，而且相比自动设置而言可以减少更多的运算时间。

自适应网格的算法可以帮助在求解过程中渐进地细化和粗化网格。对可能存在高梯度的复杂几何体而言，这个特征是非常实用的。

## 练习2-1　方管

在这个练习中，需要为一个方管的流动分析生成网格。

本练习将应用以下技术：

- 计算网格。
- 模型精度。

- 高级通道细化。
- 局部网格。

**项目描述:**

图 2-30 所示的方管包含两个间隔板，将方管分隔成三个部分。该模型已经被简化，而且在入口处已经建好了封盖。

因为只需要研究网格控制，所以定义好了一个只用于网格划分的仿真，而不用于分析。

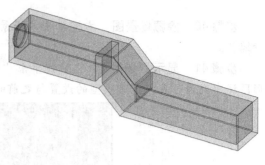

图 2-30 方管

---

**操作步骤**

**步骤 1 打开装配体文件** 在 Lesson02 \ Exercises \ Square Ducting 文件夹下打开文件 "Mesh exercise"。

**步骤 2 查看项目** "Mesh1" 项目是预先定义好的，默认处于激活状态，如图 2-31 所示。用户可以查看其相关的设置。

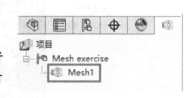

图 2-31 查看项目

**步骤 3 查看几何体内的小缝隙** 使用【测量】工具来检测模型中小缝隙的尺寸。在稍后定义网格设置时，将用到这个测量数值。

选择组成小缝隙的两个表面，可以看到获得的缝隙大小为 0.15in，如图 2-32 所示。预计在这个缝隙处会发生压力降低、速度升高的现象，因此这是流动模型中非常关键的一个特征。

**步骤 4 查看几何体中的薄壁** 另一个重要的特征是薄壁，通过所选边线，得到的厚度为 0.10in，如图 2-33 所示。

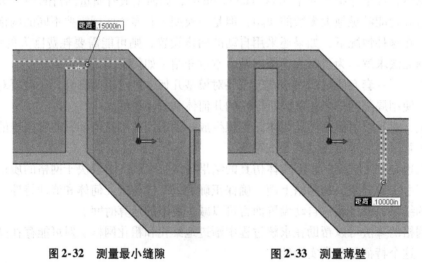

图 2-32 测量最小缝隙          图 2-33 测量薄壁

---

采用最新的算法，在求解中采用特殊算法的单元，可以在 Flow Simulation 中使薄壁得到正确的处理。尽管如此，当有需要时，还是可以使用【最小壁面厚度】的参数。

在这个练习中，将学习在初始网格中识别薄壁。

**步骤5　激活薄壁选项**　打开【工具】/【Flow Simulation】/【工具】/【选项】。

在【选项】窗口中展开【常规选项】，设置【显示/隐藏壁面厚度】为【显示】。单击【确定】，关闭【选项】窗口。

**步骤6　改变初始网格设置**　在 Flow Simulation 分析树中，展开【输入数据】下方的【网格】文件夹，右键单击【全局网格】并选择【编辑定义】。

在【初始网格的级别】设置中，选择级别3。

**步骤7　设置最小缝隙尺寸和壁面厚度**　单击【最小缝隙尺寸】 ✿ 并输入数值0.15in，单击【启用最小壁厚】 ✿ 并输入0.1in，如图2-34所示。

**步骤8　不求解只划分网格**（1）　在 Flow Simulation 分析树中，右键单击"Mesh 1"并选择【运行】。不勾选【求解】复选框。默认情况下已经勾选了【加载结果】复选框，再次确认该选项已被选中。单击【运行】。

提示　　结果将被自动加载。

**步骤9　生成切面图**　在 SOLIDWORKS Flow Simulation 分析树中，右键单击【结果】下方的【切面图】，然后选择【插入】。请确认在【剖切平面、平的面或曲线】域中选择了 Front 平面。

在【显示】选项组中单击【网格】，如图2-35所示。单击【确定】。

图2-34　全局网格设置

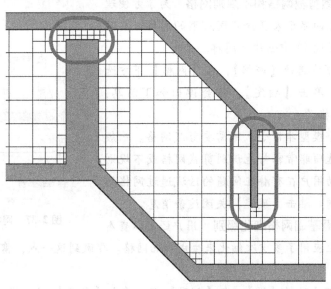

图2-35　生成的切面图

图解生成后，请缩放至包含小缝隙和薄壁的区域。注意，穿过缝隙的方向只存在两个网格，但是对这样小的缝隙，如果要捕捉这里的流动梯度，则至少需要划分三个网格（推荐至少要四个网格）。

**步骤 10    隐藏切面图**    隐藏步骤 9 中创建的切面图。

**步骤 11    生成通道高度图解**    右键单击【结果】下方的【网格】，然后选择【插入】。在【显示】下方选择【通道】，然后单击【确定】，如图 2-36 所示。

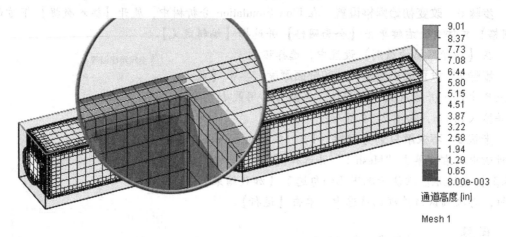

| |
|---|
| 9.01 |
| 8.37 |
| 7.73 |
| 7.08 |
| 6.44 |
| 5.80 |
| 5.15 |
| 4.51 |
| 3.87 |
| 3.22 |
| 2.58 |
| 1.94 |
| 1.29 |
| 0.65 |
| 8.00e-003 |

通道高度 [in]

Mesh 1

图 2-36    通道高度图解

图例显示出被 Flow Simulation 理解的通道高度。这个图解应当被用于确定狭长区域，即有可能需要划分更多网格的区域。前面步骤中确定的狭长通道在这里以深蓝色表示。

**步骤 12    回顾剪裁网格和不规则网格**    为了方便理解，可以通过颜色的显示来区分不同类型的网格。要做到这一点，编辑步骤 11 中创建的图解。

在【显示】下方选择【网格】，在【网格】下方选择【剪裁网格】。单击【确定】，将会弹出如下消息："未检测到剪裁网格。"

这是因为这个模型非常小，不需要剪裁网格。一般来说，这个菜单选项非常容易地识别剪裁网格或不规则网格，这可以帮助用户在有潜在问题的区域通过网格细化工作来解决问题。单击【确定】关闭这条消息。

**步骤 13    查看基础网格细化级别**    用户还可以查看在基础网格单元上应用了多少次细化来生成初始网格。要做到这一点，需要再次编辑步骤 11 中创建的图解。

图 2-37    网格细化级别

在【显示】下方选择【图】。在【剖面】下方单击【参考】，然后选择 Front 基准面。在【颜色标准】下方选择【细化级别】，如图 2-37 所示。单击【确定】。

蓝色区域表明基础网格单元没有细化。这些单元是初始的基础网格单元。红色区域表明对基础网格单元采用细化级别为 3 的最高要求（步骤 6 中定义的值），如图 2-38 所示。

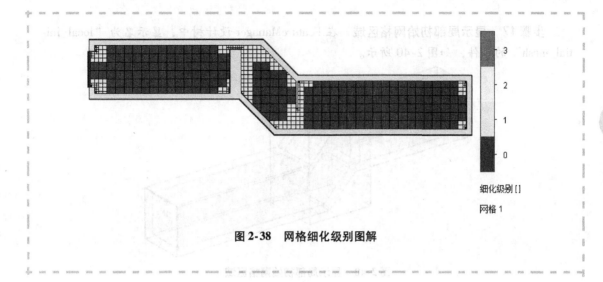

图 2-38　网格细化级别图解

● **高级通道细化**　尝试使用自动设置中其他选项来改善网格质量，即使用【全局网格设置】PropertyManager 下的【高级通道细化】。

**步骤 14　细化网格**　右键单击【全局网格】并选择【编辑定义】。
勾选【高级通道细化】复选框。单击【确定】。

**步骤 15　不求解只划分网格**（2）　在 Flow Simulation 分析树中，右键单击"Mesh 1"并选择【运行】。不勾选【求解】复选框，确认已经勾选了【加载结果】复选框，勾选【网格】复选框，单击【运行】。

> 提示　结果将被自动加载。

**步骤 16　显示切面图并查看网格**（1）　显示在步骤9中创建的切面图，如图2-39所示。

再次缩放至小缝隙的区域，壁面附近的网格分布得更加合理，而且在穿过缝隙的方向存在5个网格。这比之前生成的网格质量要好，但是也带来了网格数量增多和运算时间加长等问题。

如果模型不像本例子这样简单的话，使用【高级通道细化】方法可能会导致计算时间激增。网格数量和求解时间并不存在线性关系，由于流体动力学的特性，求解时间可能比线性结果更长。

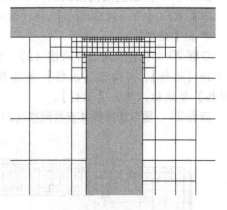

图 2-39　显示的网格切面图（1）

● **局部网格**　事先在装配体中生成了一个名为"local_initial_mesh"的零件，并以此来定义局部网格。当前已经在 Flow Simulation 算例中通过【组件控制】将此零件隐藏并禁用。

**步骤 17　显示局部初始网格区域**　在 FeatureManager 设计树中，显示名为 "local_initial_mesh" 的零件，如图 2-40 所示。

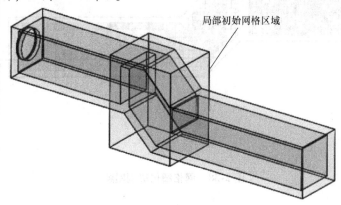

局部初始网格区域

图 2-40　显示局部初始网格区域

> 提示　在定义【局部网格】之前，通常需要在算例中使用【组件控制】来禁用零件。要实现这个操作，右键单击 Flow Simulation 分析树下的输入数据并选择【组件控制】。然后，取消勾选需要禁用组件的复选框。

**步骤 18　定义局部初始网格**　在 Flow Simulation CommandManager 中，展开【Flow Simulation 特征】并选择【局部网格】。

请确认【参考】处于选中状态。从 FeatureManager 设计树中，选择与 "local_initial_mesh" 零件对应的实体。

单击【通道】选项卡将其展开。在【跨通道网格特征数】中输入 8，并将【最大通道细化级别】提升到 7。单击【确定】。

**步骤 19　修改全局网格设置**　右键单击【全局网格】并选择【编辑定义】。

不要激活【最小缝隙尺寸】和【最小壁面厚度】，取消勾选【高级通道细化】复选框。单击【确定】。

**步骤 20　不求解只划分网格**（3）　在 Flow Simulation 分析树中，右键单击 "Mesh 1" 并选择【运行】，不勾选【求解】复选框，确认已经勾选了【加载结果】复选框。勾选【网格】复选框，单击【运行】。

**步骤 21　显示切面图并查看网格**（2）　显示步骤 9 中创建的切面图，如图 2-41 所示。

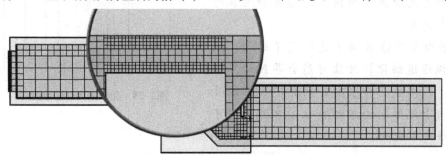

图 2-41　显示的网格切面图（2）

注意到局部初始网格区域的网格已经细化了很多，然而在远离该区域的地方，网格仍然比较稀疏。如果对象是一个包含多个关键区域的复杂模型，则使用该选项将减少计算时间。不重要的区域可以用较粗的设置划分网格，而重点区域可以将网格划分得更精细一些。

**步骤22 关闭该模型**

## 练习2-2 薄壁箱

在本练习中，需要使用薄壁优化特征，对一个薄壁箱进行分析。

本练习将应用以下技术：

- 模型精度。

**项目描述：**

水从一个包含多个薄壁的箱体中流过，如图 2-42 所示。水从箱体背面的入口流入，并从箱体底部的开口流出。

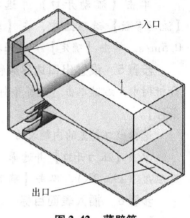

图 2-42 薄壁箱

## 操作步骤

**步骤1 打开零件** 从 Lesson02\Exercises\Thin Walled Box 文件夹打开文件"box"。确认配置"Default"处于激活状态。

**步骤2 生成一个算例** 使用【向导】，按照表2-2的参数新建一个算例。

表 2-2 项目设置

| 选 项 | 设 置 |
|---|---|
| 配置名称 | 使用当前的 Thin Wall Optimization |
| 项目名称 | Project 1 |
| 单位系统 | SI（m-kg-s） |
| 分析类型 | 内部 |
| 默认流体 | 在【液体】列表中双击【水】 |
| 壁面条件 | 默认值 |
| 初始条件 | 默认值 |

单击【完成】。

Flow Simulation 采用先进算法，薄壁优化可以解决薄壁（如挡板）附近的规则流动，而无须过度细化网格。该算法无须对薄壁周围进行任何形式的手动网格细化，因为薄壁的两个面都可能位于同一个网格内。薄壁区域的网格包含不止一个流体体积和（或）固体体积。在计算过程中，每个这样的体积都有独立的一组参数，而这组参数的值则取决于它的类型（流体或固体）。

**步骤3  设置全局网格参数**   在 Flow Simulation 分析树中，在【输入数据】下方展开【网格】文件夹，右键单击【全局网格】并选择【编辑定义】。保持【初始网格的级别】为3。

**步骤4  设置入口边界条件**   在 Flow Simulation 分析树中，展开【输入数据】文件夹，右键单击【边界条件】并选择【插入边界条件】。

选择入口封盖的内侧表面，如图 2-43 所示。

单击【流动开口】并选择【入口速度】。在【流动参数】选项组中，在【垂直于面】方向输入 0.5m/s。单击【确定】✓ 以保存该边界条件。

**步骤5  设置出口边界条件**   在 Flow Simulation 分析树中，右键单击【边界条件】并选择【插入边界条件】。

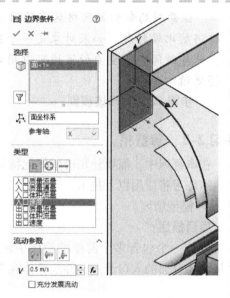

图 2-43   设置入口边界条件

选择出口封盖的内侧表面，如图 2-44 所示。

单击【压力开口】并选择【静压】。在这个算例中，采用默认的出口压力（101325Pa）及温度（293.2K）。单击【确定】✓。

**步骤6  插入表面目标**   在【输入数据】下方，右键单击【目标】并选择【插入表面目标】。

选择入口面。用户也可以在定义目标前，从 Flow Simulation 分析树中单击边界条件"入口速度 1"，将自动加载正确的面。

在【表面目标】属性框中，在【参数】中勾选【静压】一行的【平均值】复选框，如图 2-45 所示。

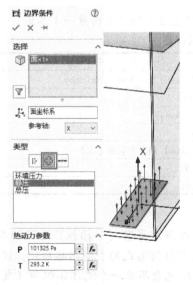

图 2-44   设置出口边界条件

图 2-45   设置表面目标

单击【确定】。在 Flow Simulation 分析树的【目标】下将出现一个新的条目——"SG 平均值 静压 1"。

**步骤7  在出口面对质量流量插入表面目标**  右键单击【输入数据】下方的【目标】，选择【插入表面目标】。

选择出口面。用户也可以从 Flow Simulation 分析树中单击边界条件"静压 2"，将自动加载正确的面。在【参数】选项组中，勾选【质量流量】复选框。

单击【确定】。

**步骤8  运行分析**  右键单击"Project 1"并选择【运行】，以打开【运行】对话框。确保已经勾选了【加载结果】和【求解】复选框。单击【运行】。

与"第 1 章"中说明的一样，如果选择了【加载结果】选项，则求解完成后将自动载入结果供后处理使用。

**步骤9  查看网格**  在【结果】文件夹中右键单击【切面图】并选择【插入】。选择"Front Plane"作为切平面，并在【偏移】中指定 0.005m。确认没有选择【等高线】，选择【网格】。

单击【确定】，如图 2-46 所示。

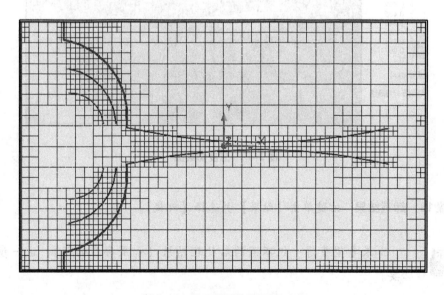

**图 2-46  显示的网格切面图（3）**

70

提示🖐 　生成的网格在薄的挡流板附近看上去很稀疏。很多网格从薄壁一侧的流体跨到了另一侧的流体。一般情况下，如果没有使用优化薄壁面的算法，这样的网格质量是无法接受的，因为不能保证正确地解析两侧的流体。而且，由于固壁热传导的要求，在穿越壁厚的方向需要划分多个固体网格。这样的设置将使得网格数量和计算时间猛增。因为使用了优化薄壁面，当前的网格分布是可以接受的，而且可以保证获得正确的流体结果以及在固壁中的传热结果。

**步骤10　生成速度切面图**　右键单击"切面图1"并选择【编辑定义】。取消选择【网格】，单击【等高线】。

选择【速度】作为图解中显示的参数。提高【级别数】至50，单击【确定】，如图2-47所示。在挡流板之间的狭窄部分，其最高速度高达 1.22m/s。

**步骤11　隐藏切面图**　右键单击"切面图1"并选择【隐藏】。

**步骤12　插入流动迹线**　右键单击【流动迹线】并选择【插入】。在 Flow Simulation 分析树中，单击"静压 2"以选择出口的内侧表面。单击【确定】，如图2-48 所示。

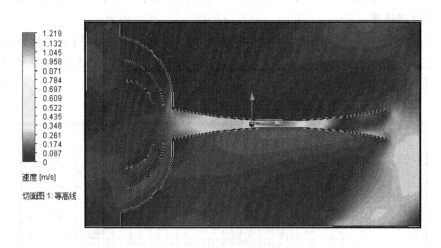

图 2-47　速度切面图

**步骤13　卸载结果**　右键单击【结果】并选择【卸载】。

提示🖐 　如果希望获得一组不同的后处理结果（如果存在的话），这一步才有必要。

图 2-48    流动迹线

## 练习 2-3    散热器

在本练习中，需要为一个散热器的分析创建网格，如图 2-49 所示。

本练习将应用以下技术：

* 局部网格。
* 控制平面。

**项目描述：**

实体部分是产热的，如果要评估散热片的性能，必须为这个分析生成一套合适的网格。为了完成此任务，将采用并评估两项技术：控制平面和薄壁面优化。通过模型的结果和计算的时间来评估每项技术的可靠性。

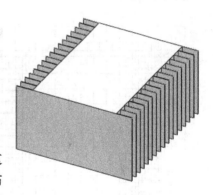

图 2-49    散热器

**操作步骤**

**步骤 1    打开装配体文件**    打开文件夹 Lesson02 \ Exercises \ Heat Sink 下的文件 "heat sink"。

**步骤 2    激活正确的项目**    激活 optimization 项目，关联的配置将自动激活。项目已预先定义好了算例。首先，采用薄壁面优化来划分模型的网格。

**步骤 3    查看几何体**    为了正确加载网格设置，必须先查看该几何体，找出最小缝隙尺寸和最小壁面厚度，输入初始网格设置中。最小缝隙尺寸为 0.700in，最小壁面厚度为 0.050in，如图 2-50 所示。

**步骤 4    更改初始全局网格**    右键单击【全局网格】并选择【编辑定义】。保持【初始网格的级别】为 3。设置【最小缝隙尺寸】为 0.7in。设置【最小壁面厚度】为 0.05in。将【比率因数】保持为默认值 1，以创建均匀网格。单击【确定】。

**步骤5　不求解只划分网格**（1）　在 Flow Simulation 分析树中，右键单击"optimization"并选择【运行】。

不勾选【求解】复选框。默认情况下已经勾选了【加载结果】复选框，再次确认该选项已被选中。单击【运行】，求解结束时，将产生大约135000 个网格。

**步骤6　生成切面图**（1）　在 Flow Simulation 分析树中，右键单击【结果】下方的【切面图】，然后选择【插入】。

请确认在【剖切平面、平的面或曲线】选项中选择了"Top Plane"。在【偏移】中输入 1in。在【显示】下方单击【网格】。单击【确定】，结果如图 2-51 所示。

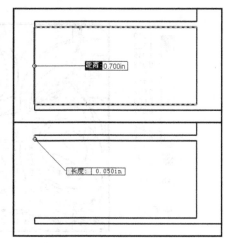

图 2-50　几何体尺寸

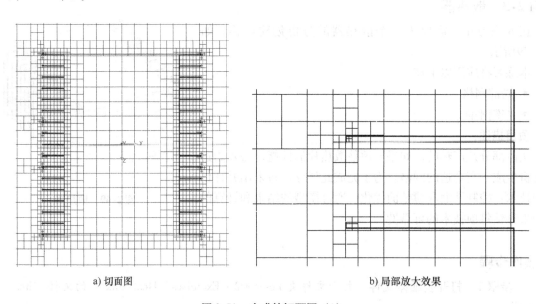

a) 切面图　　　　　　　　　　b) 局部放大效果

图 2-51　生成的切面图（1）

Flow Simulation 在薄壁周围细化了网格。然而需要注意的是，有些网格仍然很粗。由于采用了最新的算法，所以没有必要在模型中生成更多的网格来解析细小特征。

**步骤7　激活"control planes"项目**　激活项目"control planes"，与之关联的配置将自动激活。这个项目已经预先定义好了算例。下面将使用局部初始网格，确保缝隙可以得到妥善处理，并使用控制平面来解析薄壁。

**步骤8　初始全局网格**　右键单击【全局网格】并选择【编辑定义】。在【类型】下方切换至【手动】设置。在【基础网格】选项卡中，设置每个方向的【网格数】，见表 2-3。

表 2-3　设置网格数

| 选　项 | 网格数 |
|---|---|
| X 方向网格数 | 42 |
| Y 方向网格数 | 49 |
| Z 方向网格数 | 88 |

　　激活【细化网格】选项卡。选择【流体/固体边界处的网格细化级别】为 2。保持该选项卡中其余参数为默认值。激活【通道】选项卡。设置【跨通道网格特征数】为 5。

　　激活【高级细化】选项卡。设置【细小固体特征细化级别】为 1。保持该选项卡中其余参数为默认值。

　　**步骤 9　定义控制平面**　继续定义全局网格。在【基础网格】选项卡中单击【控制平面】。编辑在 X 和 Y 方向已有的控制平面，在 Z 方向编辑和添加控制平面，如图 2-52 所示。

| | 最小值 | 最大值 | 类型 | | 数字 | 大小 | 比 |
|---|---|---|---|---|---|---|---|
| X轴负方向边界 | -13.78 in | -3.92 in | 自动 | ✓ | 15 | 0.675692244 in | 1.05694754 |
| X1 - X2 | -3.92 in | 0 in | 自动 | ✓ | 6 | 0.593918425 in | -1.205 |
| X2 - X3 | 0 in | 3.92 in | 自动 | ✓ | 6 | 0.71577878 in | 1.20518031 |
| X3 - X轴正方向 | 3.92 in | 13.78 in | 自动 | ✓ | 15 | 0.639286457 in | -1.057 |

| | 最小值 | 最大值 | 类型 | | 数字 | 大小 | 比 |
|---|---|---|---|---|---|---|---|
| Y轴负方向边界 | -7.87 in | 0.06 in | 自动 | ✓ | 9 | 0.862433898 in | -1.044 |
| Y1 - Y2 | 0.06 in | 3 in | 自动 | ✓ | 5 | 0.841181142 in | 2.21305868 |
| Y2 - Y3 | 3 in | 5.94 in | 自动 | ✓ | 5 | 0.380098898 in | -2.213 |
| Y3 - Y轴正方向 | 5.94 in | 39.37 in | 自动 | ✓ | 30 | 0.878238858 in | -1.58 |

| | 最小值 | 最大值 | 类型 | | 数字 | 大小 | 比 |
|---|---|---|---|---|---|---|---|
| Z9 - Z10 | 0.025 in | 0.775 in | 自动 | ✓ | 2 | 0.394010748 in | 1.10680515 |
| Z10 - Z11 | 0.775 in | 1.525 in | 自动 | ✓ | 2 | 0.375 in | 1 |
| Z11 - Z12 | 1.525 in | 2.275 in | 自动 | ✓ | 2 | 0.375 in | 1 |
| Z12 - Z13 | 2.275 in | 3.025 in | 自动 | ✓ | 2 | 0.375 in | 1 |
| Z13 - Z14 | 3.025 in | 3.775 in | 自动 | ✓ | 2 | 0.375 in | 1 |
| Z14 - Z15 | 3.775 in | 4.525 in | 自动 | ✓ | 2 | 0.375 in | 1 |
| Z15 - Z16 | 4.525 in | 5.275 in | 自动 | ✓ | 2 | 0.375 in | 1 |
| Z16 - Z17 | 5.275 in | 6.025 in | 自动 | ✓ | 2 | 0.375 in | 1 |
| Z17 - Z轴正方向 | 6.025 in | 15.75 in | 自动 | ✓ | 29 | 0.335344843 in | 1 |

**图 2-52　控制平面设置**

提示　　　为了添加平面，选择【参考】来定义新的平面通常会事半功倍，然后再选择如图 2-53 所示的散热片边线。

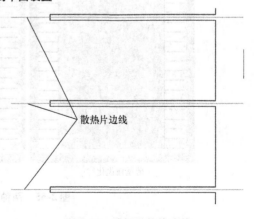

散热片边线

　　单击【确定】。

　　**步骤 10　生成网格**　按照步骤 5 的方法生成网格。求解结束时，将产生大约 355000 个网格。

**图 2-53　选择散热片边线**

**步骤 11  生成切面图**（2）  在 Flow Simulation 分析树中，右键单击【结果】中的【切面图】，选择【插入】。

请确认在【剖面或平面】域中选择了"Top Plane"。在【偏移】中输入 1in。在【显示】下方单击【网格】，单击【确定】，结果如图 2-54 所示。

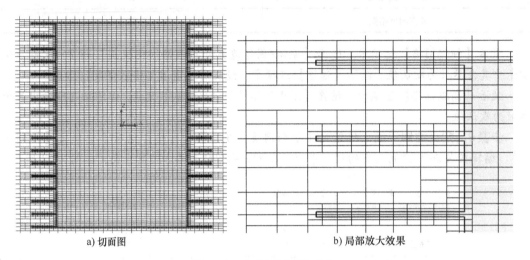

a) 切面图　　　　　　　　　　　　b) 局部放大效果

图 2-54  生成的切面图（2）

请留意网格平面是如何很好地解析薄壁的，以确保没有网格是被固体区域分割的。此外，细小缝隙处的网格也得到了有效的解析，使得跨越这个区域生成了很多网格。

讨论？  现在的问题是，哪种网格更加适合这类分析？

为了正确地回答这个问题，需要知道每个分析的结果。如果要完成计算，则"optimization"算例将耗费大约 10min，而"control planes"算例将耗费大约 25min。两个算例得到的最高温度相差不大。图 2-55 所示为它们结果的切面图。

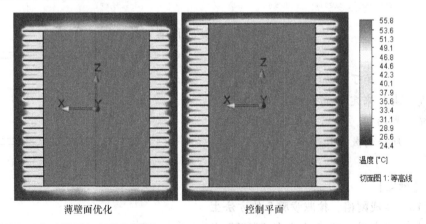

薄壁面优化　　　　　　　　　控制平面

图 2-55  两种方法的结果对比

当以相同比例进行查看时，两个算例获得了几乎一样的结果。和预期的一样，"control planes"算例获得了稍微细致的结果，然而代价是需要更多的求解时间和设置时间。由于两个结果都近似，因此可以认定，在进行工程判断时一般没有必要使用控制平面。如果设计标准非常严格，则采用控制平面可以提供更高的精度，但同时也需要更多的求解时间和设置时间。此外，和前面的练习一样，控制平面不适合有弧度的几何体。

薄壁面优化可以让用户得到更好的结果，而不用耗费在使用控制平面时需要的计算和设置时间。此外，薄壁面优化不但可以处理与全局坐标系正交的几何体，还适用于有弧度的几何体。

## 练习 2-4 划分阀门装配体的网格

在本练习中，需要对一个阀门装配体划分网格，以正确求解篮网开口并计算压降，如图 2-56 所示。

本练习将应用以下技术：

- 初始网格。
- 局部网格。
- 组件控制。

**1. 项目描述** 图 2-57 所示的阀门包含数行孔洞的篮网，以供流体流动。为了保证阀门在开启时流动能够平滑上升，孔洞的尺寸在竖直方向是逐步增大的。如果想要得到篮网在不同位置下的压降，所有孔洞都必须划分合适的解析网格。例如，在横跨孔的直径方向需要保证三四个流体网格。

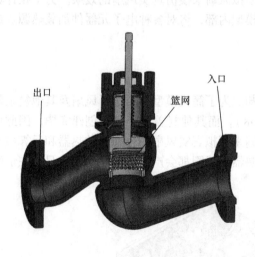

图 2-56 阀门装配体

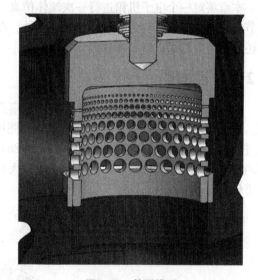

图 2-57 篮网模型

在本练习中，只考虑阀门全开的配置（SOLIDWORKS 的配置"Maximum open 25mm"）。

**2. 边界条件** 用户需要指定入口体积流量为 $0.001\text{m}^3/\text{s}$，并在出口位置指定环境压力的边界条件。

**3. 目标** 对阀门装配体划分网格并正确解析每个开口，生成的网格应该不低于 350000 个。

本练习使用的装配体文件"Regulator valve"位于文件夹 Lesson02 \ Exercises \ Valve 下。

提示

> 使用局部网格，可以在相对短的时间内生成合适的网格。

# 第3章 热 分 析

**学习目标**

- 对用户的材料应用工程数据库中的数据
- 添加热载荷
- 在模型中创建风扇
- 使用穿孔板
- 理解风扇曲线
- 创建通量图
- 电子机箱建模
- 学习针对复杂几何体的正确建模方法

## 3.1 实例分析：电子机箱

本章将对一个电子机箱进行一次流体仿真，采用模拟风扇来模仿真实风扇的效果。为了在计算中节省时间，采用了较为稀疏的网格。此外，在这个模型内部，将对各种电子元器件加载热源。最后还对分析的结果进行了后处理。

## 3.2 项目描述

图3-1所示为电子机箱简易模型，由风扇进行冷却。为了简化模型，压缩了风扇及其他复杂特征。电子机箱由顶部的一个封盖进行密封（图中未显示），而其他封盖已经事先创建完毕，因此可以进行一次内流分析。在封盖处加载一个外部入口风扇来模拟真实风扇的存在，散热器和运算放大器的温度一定要控制到最小。电阻、运算放大器、散热器和线圈都会产生热量，而电容只是在恒温中工作。

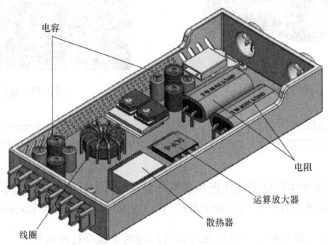

**图3-1　电子机箱简易模型**

该项目的关键步骤如下：

（1）准备用于分析的模型　模型中很多不必要的特征都已经被压缩。

（2）新建算例　使用【向导】创建一个算例。

（3）应用材料 指定材料属性进行传导计算。

（4）加载边界条件和风扇 在入口端添加风扇，并对整个模型加载边界条件。

（5）运行分析

（6）后处理结果 使用 SOLIDWORKS Flow Simulation 的各种选项进行结果的后处理。

## 操作步骤

**步骤 1 打开装配体文件** 在 Lesson03 \ Case Study 文件夹下打开文件 "PDES _ E _ Box"。

**步骤 2 查看模型** 默认配置包含的所有零件都保持为模型创建时的原样。模型中含有大量细小特征和切除，这对计算分析影响很小，但会产生非常复杂的网格。基于这一点，有必要考虑简化该模型，在不牺牲结果精度的前提下，控制一个合理的求解时间。

扫码看视频

注意，很多零件都含有两个单独的配置，其中一个配置是模型设计的原型，如图 3-2a 所示；另一个配置则压缩了细小特征专供分析使用，如图 3-2b 所示。当创建一个用于分析的装配体时，这个方法被证明是行之有效的。如果不想在装配体这一层压缩特征，用户可以直接使用事先创建好的装配体配置。

a) 原型

b) 压缩细小特征后

**图 3-2 查看模型**

**步骤 3 激活配置** 激活配置 Simplified。该配置包含用于此次仿真的简化几何体。

激活配置 Simplified 会弹出一条警告信息："Flow Simulation 检测到该模型已修改。是否要重置网格设置？"

单击【是】并继续。出现警告信息："项目所具有的某些物质在工程数据库中丢失。要添加物质，则单击'添加'。"

单击【添加全部】。

> 提示👆     实践证明，即便进行了这些简化，在对这个模型划分网格时，其计算强度仍然是相当高的。模型中有很多弯曲特征，这些地方都需要更好的网格保证。任何仿真的第一个步骤都是尽可能简化模型。在第一次运算仿真之前，去除一些小的缝隙和薄的特征来降低网格划分的难度，将是明智之举。现在以当前状态来继续处理这个模型。
>
>     项目 completed 会在默认情况下加载进来。忽略它，在下一步中继续新项目的定义。

**步骤 4 创建项目** 使用【向导】，按照表 3-1 的属性新建一个项目。

**表 3-1　项目设置**

| 选　项 | 设　置 |
|---|---|
| 配置名称 | 使用当前的 Simplified |
| 项目名称 | Electronics cooling |
| 单位系统 | SI(m-kg-s)，更改【温度】的单位为°C |
| 分析类型<br>物理特征 | 内部<br>勾选【传导率】复选框 |
| 默认流体 | 在【流体】列表中，在【气体】下双击【空气】，将其添加到【项目流体】中 |
| 默认固体 | 展开【玻璃和矿物质】列表，选择【绝缘体】 |
| 壁面条件 | 默认【粗糙度】设定为【0μm】，这个设置适用于本分析 |
| 初始条件 | 默认值 |

单击【完成】。

| 知识卡片 | 工程数据库 | 到目前为止，一直都是从列表中选择默认的流体，但并不清楚这个列表来自何处，也不知道这些流体的定义中包含哪些信息。其实用户可以从 SOLIDWORKS Flow Simulation 的【工程数据库】中找到线索。<br>工程数据包含：<br>● 种类繁多的气体、液体、非牛顿流体、可压缩流体和固体物质的物理信息。它包含常数和可变的物理参数两种，可变的物理参数可以表示为温度和压力（压力相关性仅针对液体沸腾和凝固点）的函数表达式。<br>● 风扇曲线定义了体积流量（或质量流量）与所选工业风扇的静压差之间的关系。<br>● 多孔介质的属性。<br>● 自定义可视化参数，由具有指定默认参数作为变量的方程式（基本的数学函数）来定义，除标准参数外，还可以自定义可视化参数。<br>● 辐射曲面的属性。<br>● 用户可以在项目中看到并指定数据的单位。 |
|---|---|---|
| | 操作方法 | ● 菜单：【工具】/【Flow Simulation】/【工具】/【工程数据库】。<br>● CommandManager：【Flow Simulation】/【工程数据库】。 |

**步骤5　新建材料**　变压器由用户指定的材料制造而成，该材料不是 SOLIDWORKS Flow Simulation 的工程数据库中默认的材料。为了将此材料添加进来，在设置 SOLIDWORKS Flow Simulation 项目之前需要先进行以下几步操作：

1）从【工具】/【Flow Simulation】菜单中，选择【工具】/【工程数据库】。

2）展开【数据库树】中的【材料】文件夹，选择【固体】/【用户定义】，如图 3-3 所示。

3）在工程数据库工具栏中单击【新建项目】，或右键单击【用户定义】文件夹并选择【新建项目】。

**步骤6 输入材料属性** 将出现一个空白的【项目属性】选项卡，按照表3-2设定材料的属性（双击空白的单元格并设置对应的属性值）。

数据库树(A):
材料
非牛顿液体
固体
预定义
用户定义
可压缩液体
气体
液体
真实气体
蒸汽
城市
单位
多孔板
多孔介质
风扇


图3-3 数据库树

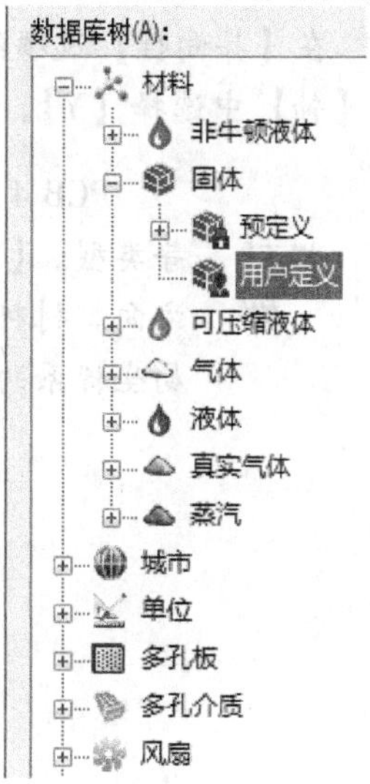

表3-2 材料属性

| 属　性 | 数　值 |
|---|---|
| 名称 | Transformer Material |
| 密度 | 5000kg/m$^3$ |
| 比热 | 640J/(kg·K) |
| 热导率 | 170W/(m·K) |
| 熔点温度 | 1250K |

单击【保存】并关闭【工程数据库】窗口。

**步骤7 指定材料** 右键单击【输入数据】下的【固体材料】，并选择【插入固体材料】。如图3-4所示，指定下列事先定义好的材料给相应的零件。

铜
金
铝
不锈钢321
硅
Transformer Material
硅


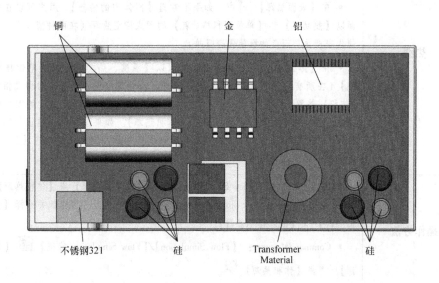

图3-4 指定材料

提示 任何未指定材料的部分都将视作【绝缘体】，因为这是在定义【默认固体】时选定好的。

**步骤8 指定PCB材料** 使用相同的方法，对零件“SPS _ PC _ Board”指定材料PCB 4层。用户可以在【预定义】文件夹下的【各向异性】子文件夹中找到这种材料。

在【异向性】选项组中，保持【全局坐标系】不变，并在【轴】中选择【Y】，如图 3-5 所示。

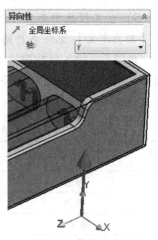

提示👉 PCB 4 层材料代表【轴对称/双轴】的传导类型。【异向性】选项组用于指定平面外的方向。材料平面内的两个方向和余下的两个全局坐标系的轴向一致。

图 3-5　指定方向

| 知识卡片 | 热源 | 在既没有边界条件（或转移的边界条件）也没有指定风扇（例如，通过的流体并不流动）的表面（表面源）上，或是在固体或流体（体积源）的介质中，都可以指定热源。<br><br>• 在【表面热源】🖑 中，如果不考虑【固体内的传热】，用户可以在固体表面以【热功耗】和【单位面积热功耗】的形式指定热源（在两种情况下，正的数值代表产热，而负的数值代表吸热）。<br><br>• 在【体积热源】🔲 中，用户可以以【温度、热功耗】或【单位体积热功耗】（在所有情况下，正的数值代表产热，负的数值代表吸热）的形式指定内部（体积）热源。用户还可以对视作固体或流体的零部件（装配体中的零件或子装配体、多实体零件中的实体）使用【体积热源】。如果该零部件被视作固体，则必须考虑固体中的传热；如果该零部件被视作流体，则用户必须在【组件控制】对话框中禁用该零部件。 |
|---|---|---|
| | 操作方法 | • 菜单：【工具】/【Flow Simulation】/【插入】/【表面热源】或【体积热源】。<br><br>• 快捷菜单：在 Flow Simulation 分析树中，右键单击【热源】并选择【插入表面热源】或【插入体积热源】。<br><br>• CommandManager：【Flow Simulation】/【Flow Simulation 特征】🔳 【表面热源】🖑 或【体积热源】🔲。 |

提示👉 右键单击算例并选择【自定义树】，然后选择【热源】，即可将热源添加到 Flow Simulation 分析树中。

**步骤 9　指定热源（1）** 在 Flow Simulation 分析树中，右键单击【热源】，选择【插入体积热源】。选择零件 "SPS_Cap_A-1" 和 "SPS_Cap_A-2"，在【热功耗】中输入 2W。单击【确定】。

对图 3-6 所示的其余零件重复这个过程，并指定对应的【热功耗】。

**步骤 10　指定热源（2）** 在 Flow Simulation 分析树中，右键单击【热源】，选择【插入体积热源】。在【参数】下选择【温度】，并设置 4 个蓝色电容的温度为 45℃。

重复这一过程，设置 4 个粉红色电容的温度为 35℃，如图 3-7 所示。

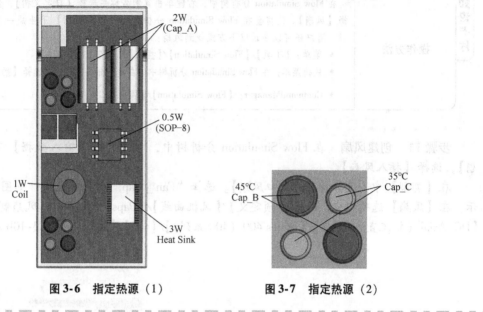

图 3-6  指定热源（1）

图 3-7  指定热源（2）

## 3.3  风扇

【风扇】可以在边界产生一个流入或流出的体积流量，而这取决于入口和出口所选面上的平均压差。风扇的方向可以指定为【垂直于面】、【旋转】或【3D 矢量】。在【旋转】选项中，允许用户指定旋涡流动在入口和出口处与参考轴成一定的角度，并具有径向速度。关于【风扇】的更多信息，请参考 Flow Simulation 的帮助文件。

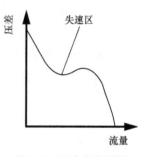

图 3-8  风扇曲线样例

- **风扇曲线**  风扇曲线表示体积或质量流量与压差之间的关系。图 3-8 所示是风扇曲线的样例。注意，大多数的风扇都有一个"失速区"，在这个区域，对于给定的压差，风扇会在两个流量之间跳动。

推荐尽可能选择这样的风扇，使其运转在失速区的右侧，以确保稳定性。通常可以从风扇制造商中获取相应的风扇曲线。

- **降级**  风扇通常设置为低于其最大容量运行，以降低噪声并延长其使用寿命，但仍能达到散热要求。通过降低风扇运行的转速来达到低于最大容量运行的状态，这会降级（减少）风扇曲线的效果。一般使用降级系数来进行模拟，如图 3-9 所示。

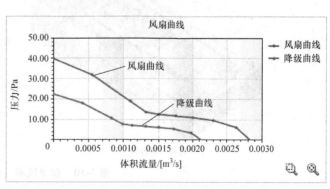

图 3-9  风扇降级

| 风扇 | 【风扇】是流动边界条件中的一种类型。可以在手工创建的封端上加载风扇，作为【入口风扇】或【出口风扇】。 |
|---|---|
| 操作方法 | 在 Flow Simulation 分析树中，右键单击算例名称并选择【自定义树】，然后再选择【风扇】。这将会在 Flow Simulation 分析树的【输入数据】下生成一个风扇条目。用户还可以通过以下方式找到风扇：<br>• 菜单：【工具】/【Flow Simulation】/【插入】/【风扇】。<br>• 快捷菜单：在 Flow Simulation 分析树中，右键单击【风扇】并选择【插入风扇】。<br>• CommandManager：【Flow Simulation】/【风扇】。 |

（知识卡片）

82

**步骤 11　创建风扇**　在 Flow Simulation 分析树中，右键单击【输入数据】下的【风扇】，选择【插入风扇】。

在【类型】中，选择【外部入口风扇】。选择"Fan_Cap"的内侧表面，如图 3-10a 所示。在【风扇】选项组中，选择【预定义】/【风机曲线】/【Papst（德国一家风扇制造商）】/【DC-Axial（轴流直流电型）】/【Series 400（400 系列）】/【405】/【405】，如图 3-10b 所示。

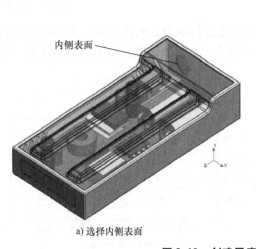
内侧表面

a) 选择内侧表面

b) 风扇设置

**图 3-10　创建风扇**

对【流动参数】和【热动力参数】保持其默认值。

> 提示 👆 本例使用预定义的风扇参数来举例说明工程数据库中的风扇性能。建议用户与风扇制造商一起彻底核对所有的风扇参数。

勾选【降级】复选框，在【降级】系数中输入 0.85，如图 3-11 所示。

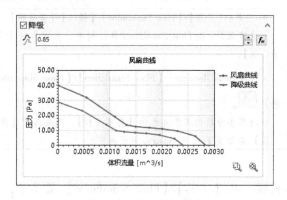

图 3-11 设置降级系数

> 提示 👆 风扇将在其最大容量以下运行以延长使用寿命。

**步骤 12 设置出口边界条件** 在 Flow Simulation 分析树中，右键单击【输入数据】下的【边界条件】，选择【插入边界条件】。

在机箱内侧选择 9 个封盖表面。在【类型】选项组中选择【压力开口】，在【边界条件的类型】中选择【环境压力】。单击【确定】，接受默认的环境参数，如图 3-12 所示。

图 3-12 设置边界条件

## 3.4 多孔板

用户可能已经注意到简化模型的一种方法就是在机箱内部对一组三角形排列的圆孔挖一个大洞。去除这些孔是因为它们太耗费划分网格和求解的时间。去除这些孔后，可以用以下方法来替代它们。

1) 指定一个压力边界条件，并假定对流动区域的影响可以忽略不计（这也是目前采用的方法）。这个条件模拟的效果比较差。

2) 使用多孔介质（在"第 7 章 多孔介质"中再讨论）来模拟这些孔的存在。这是一个可以接受的近似方法，但要正确模拟这个情形，则必须知道多孔介质的属性。要获取这些属性，需要完全去掉壁面，并对壁面进行仿真实验来计算其属性。计算这些属性可能非常耗时，但是可以提供可接受的近似结果。

3）使用【多孔板】选项。这是又一个最佳的近似方法，可以用于替代模型中的一组孔。本节将选择第三种方法。

| 多孔板 | 用户可以在【工程数据库】中定义多孔板并加载到模型。 |
| --- | --- |
| 操作方法 | • 菜单：【工具】/【Flow Simulation】/【插入】/【多孔板】。<br>• 快捷菜单：在 Flow Simulation 分析树中，右键单击【多孔板】并选择【插入多孔板】。<br>• CommandManager：【Flow Simulation】/【Flow Simulation 特征】▦/【多孔板】▦。<br>右键单击分析的算例并选择【自定义树】，然后选择【多孔板】，便可以将【多孔板】添加至 Flow Simulation 分析树中。 |

**步骤 13  定义多孔板**  从【工具】/【Flow Simulation】菜单中，选择【工具】/【工程数据库】。展开【数据库树】下的【多孔板】文件夹，选择【用户定义】。

在工程数据库工具栏中单击【新建项目】▯，或右键单击【用户定义】文件夹并选择【新建项目】。

**步骤 14  输入材料属性**  将出现一个空白的【项目属性】选项卡。按照表 3-3 设定材料的属性（双击空白的单元格并设置对应的属性值）。

表 3-3  材料属性

| 属    性 | 数    值 |
| --- | --- |
| 名称 | electronics enclosure |
| 孔形状 | 圆形 |
| 直径 | 2mm |
| 覆盖 | 棋盘格距离 |
| 中心间的距离 | 4mm |

自动计算得到的【开孔率】为 0.226724917，单击【保存】🖫。

• 开孔率  开孔率指的是空出的面积与实体面积的比值，可以简单地通过手算来验证这个数值。试计算红色框内的面积，如图 3-13 所示。

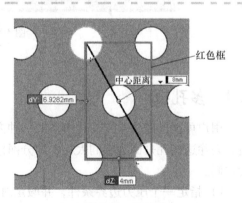

图 3-13  开孔率

**步骤15 添加多孔板** 在 Flow Simulation 分析树中，右键单击【输入数据】下的【多孔板】，选择【插入多孔板】。

选择大压力出口的内侧表面，如图3-14 所示。在【多孔板】对话框中选择【用户定义】/【electronics enclosure】。

**步骤16 定义工程目标（体积目标）** 在项目描述中曾提到，散热器和运算放大器的温度要控制到最小，这需要使用工程目标来实现。

右键单击 Flow Simulation 分析树中的目标，选择【插入体积目标】。

在【体积目标】对话框中，【参数】选择【温度（固体）】，选择【最大值】。

在 FeatureManager 设计树中，选择"heat sink"以更新【可应用体积目标的组件】列表。

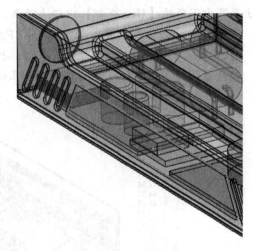

图 3-14 选择内侧表面

单击【确定】。

重复这一过程，对"SOP-8"应用一个【固体温度】目标。

**步骤17 求解流体仿真项目** 在【工具】/【Flow Simulation】菜单中，单击【求解】/【运行】。确认已经勾选【加载结果】复选框。单击【运行】。

这个分析耗时约8min。让这个项目运算几分钟，确保网格已经划分成功，刚开始运算时停止分析，激活"electronics cooling – completed"配置，并从这个项目中载入结果。

**步骤18 生成切面图** 在 Flow Simulation 分析树中，右键单击【结果】下方的【切面图】，然后选择【插入】。

确认在【剖切平面、平的面或曲线】选项组中选择了"Top Plane"。在【偏移】中输入1mm。在【显示】选项组中单击【等高线】。在【等高线】选项组中选择【温度】，并将【级别数】提高到50。

单击【确定】生成切面图，如图3-15所示。

查看完毕后，【隐藏】这个切面图。

**步骤19 查看流动迹线** 在 Flow Simulation 分析树中，右键单击【流动迹线】并选择【插入】。

选择"外部入口风扇1"作为参考。

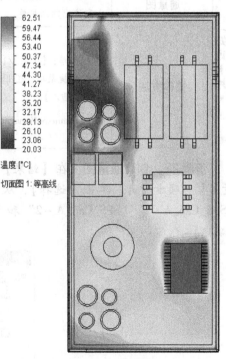

图 3-15 切面图

85

单击【确定】，结果如图 3-16 所示。

**步骤 20 查看流动迹线动画** 右键单击刚创建的"流动迹线 1"，再单击【播放】。单击屏幕右下角的【停止全部】以停止动画。

**步骤 21 查看体积温度** 在【结果】下方，右键单击【目标图】并选择【插入】。勾选【全部】复选框后即可显示表格，也可导出到 Excel 以打开目标结果。

散热器的最高温度大约为 62℃，而运算放大器的最高温度大约为 53℃。

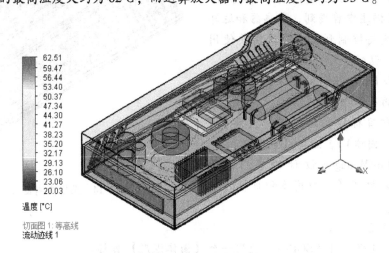

温度 [°C]

切面图 1: 等高线
流动迹线 1

**图 3-16 流动迹线**

| 通量图 | 通量图用于显示两个组件之间通过传导传递的热量，还可用于查找所选组件流入和流出的总热量。 |
| --- | --- |
| 操作方法 | • 菜单：【工具】/【Flow Simulation】/【插入】/【通量图】。<br>• 快捷菜单：在 Flow Simulation 分析树的【结果】内右键单击【通量图】，并选择【插入】。<br>• CommandManager：【Flow Simulation】/【插入】/【通量图】。 |

**步骤 22 创建通量图** 在【结果】下，右键单击【通量图】，再选择【插入】。【通量图】选项卡打开，单击【选择】，从 FeatureManager 设计树中选择"SPS_COIL1 – 1" "SPS_Cap_A – 1" "SPS_Cap_A – 2" 和 "heat sink – 1" 作为组件，如图 3-17 所示。单击【确定】。

**图 3-17 选择组件**

**注意** 为通量图选择多个组件时需要按下 <Ctrl> 键。

通量图显示出了各个组件的进出热速率，如图 3-18 所示。

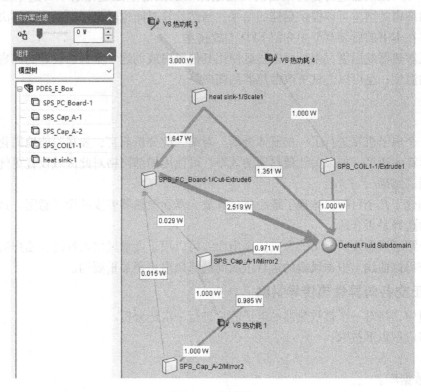

图 3-18 通量图

**步骤 23 将通量图保存为图片** 单击【将图形另存为图片】 ![icon]，将文件名更改为 "Flux Plot for Heat Sink and Capacitors"，更改【保存类型】为【JPEG】，单击【保存】。

**步骤 24 为 "heat sink - 1" 创建饼图** 从组件列表中选择 "heat sink - 1"，单击【显示饼图】 ![icon]，结果如图 3-19 所示，饼图显示了热量流入和流出的分布。从散热器的饼图中可以看到，大约有 3W 的热量被散热器吸收。在这 3W 中，有 1.65W 的热量传递到 PCB 板，有 1.35W 的热量传递到散热器周围流动的空气中。

**步骤 25 保存饼图** 在饼图上单击右键，单击【保存饼图为】 ![icon]，单击【保存】。

**步骤 26 保存并关闭装配体文件**

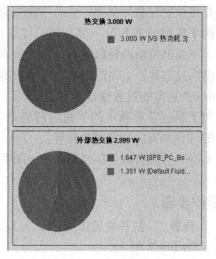

图 3-19 饼图

87

## 3.5 讨论

计算结果表明，散热器的最高温度大约为 62℃。如果这个数值接近临界值，则有必要再进行一次分析，并对散热器进行更为细密的网格划分。虽然薄壁面优化选项对这个区域的效果明显，但是更加细密的网格可以提供更佳的结果，当然计算时间也随之增加。为了解决庞大的运算时间问题，将在本书的后续章节中介绍 EFD 缩放技术。

为了降低散热器的温度，用户可以尝试使用其他风扇或创建一个自己设计的风扇，进一步降低这些零件的温度；也可以尝试更改散热器的朝向。

## 3.6 总结

本章对一个电子机箱进行了一次流体分析。对第一次分析而言，要尽可能地简化模型几何体以加快仿真运算的速度。如果关注散热器的效率，可使用局部网格对此区域设置更优的网格，以提供更加准确的结果。

之后还创建了几个目标，体现了最小化运算放大器和散热器温度的设计意图。这些目标有助于验证风扇的选择是否合适。

此外，介绍了风扇及其定义的方式。风扇曲线可以用于度量风扇的性能，用户通常可以从风扇制造商处获得该曲线。根据风扇的运行工况而选择风扇是至关重要的。

### 练习 3-1 正交各向异性热传导材料

在本练习中，将对一个带散热器的电子芯片进行一次热分析。

本练习将应用以下技术：

- 热源。
- 工程数据库。

**项目描述：**

密封盒中包含一颗产热芯片（维持在 100℃），放置在中间平板的凹槽中，如图 3-20 所示。该密封盒内具有两路（上面和下面）独立的流动路径。铝制的散热器直接放置在芯片顶部，并位于密封盒的上半部分。金制的平板则与芯片另一侧相连，位于密封盒的下半部分。下面的流动路径以室温（20℃）的空气按 5m/s 的速度吹过芯片。上面的流动路径则以冷（5℃）空气按 5m/s 的速度吹过散热器。

用于制造芯片和中间平板的材料是正交各向异性传导的（例如方向相关的热传导）。

本次分析的目标是获取芯片和中间平板的温度分布。

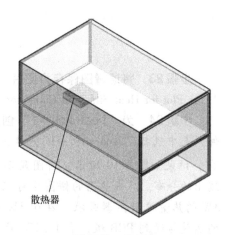

散热器

**图 3-20 密封盒**

**操作步骤**

**步骤 1 打开装配体文件** 从 Lesson03 \ Exercises \ Enclosure 文件夹打开文件"TEC Gas Cooling"。

**步骤 2 新建项目** 使用【向导】，按照表 3-4 的属性新建一个项目。

表 3-4 项目设置

| 选　　项 | 设　　置 |
|---|---|
| 配置名称 | 使用当前的 Model |
| 项目名称 | Orthotropic Material |
| 单位系统 | SI（m-kg-s）（将【温度】的单位从 K 更改为℃） |
| 分析类型 | 内部 |
| 物理特征 | 勾选【传导率】复选框 |
| 默认流体 | 在【流体】列表中，在【气体】下双击【空气】 |
| 默认固体 | 从【玻璃和矿物质】列表中选择【绝缘体】 |
| 壁面条件 | 默认值 |
| 初始条件 | 默认值 |

单击【完成】。

**步骤 3　初始全局网格设置**　右键单击【全局网格】并选择【编辑定义】。调节【初始网格的级别】到 4。设置【最小缝隙尺寸】为 0.00381m。单击【确定】。

**步骤 4　新建材料**（1）　"Plate-1" 和 "TEC-1" 分别由 "Orthotropic plate" 和 "Orthotropic plate 2" 这两种材料制作而成。由于在 SOLIDWORKS Flow Simulation 的工程数据库中不包含这些材料，用户必须自己定义。

在【工具】/【Flow Simulation】菜单中，选择【工具】/【工程数据库】。

在【数据库树】中，选择【材料】/【固体】/【用户定义】。

在工具栏中单击【新建项目】，出现一个空白的【项目属性】选项卡，双击空白的单元格并设置对应的属性值，如图 3-21 所示。

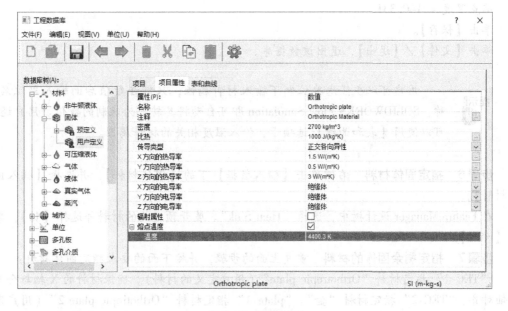

图 3-21　新建材料

指定下面的材料属性：

名称 = Orthotropic plate。

注释 = Orthotropic Material。

密度 = 2700kg/m³。

比热 = 1000J/(kg·K)。

传导类型 = 正交各向异性。

X 方向的热导率 = 1.5W/(m·K)。

Y 方向的热导率 = 0.5W/(m·K)。

Z 方向的热导率 = 3W/(m·K)。

熔点温度 = 4400.3K。

单击【保存】。

**步骤5  新建材料 (2)**  在【数据库树】中，选择【材料】/【固体】/【用户定义】。

在工具栏中单击【新建项目】，出现一个空白的【项目属性】选项卡，双击空白的单元格并设置对应的属性值。

重复步骤4，指定下面的材料属性：

名称 = Orthotropic plate 2。

注释 = Orthotropic Material。

密度 = 2700kg/m³。

比热 = 1000J/(kg·K)。

传导类型 = 正交各向异性。

X 方向的热导率 = 1.5W/(m·K)。

Y 方向的热导率 = 50W/(m·K)。

Z 方向的热导率 = 0W/(m·K)。

熔点温度 = 3140.33K。

单击【保存】。

单击【文件】/【退出】，退出该数据库。

 提示  用户可以在任意单位制下输入材料属性，只需在数值后面输入单位名称，SOLIDWORKS Flow Simulation 即可自动将其转换为米制的数值。用户还可以使用【表和曲线】选项卡，输入温度相关的材料属性。

**步骤6  指定固体材料**  右键单击【输入数据】下的【固体材料】，并选择【插入固体材料】。

在 FeatureManager 设计树中，选择"Heat Sink"。展开预定义的材料并选择【铝】，单击【确定】。

**步骤7  指定剩余固体的材料**  重复上面的步骤，并按下面的要求指定固体材料：

"TEC-1"指定材料"Orthotropic plate"（用户定义的材料）。确保材料的 X 轴与全局 X 轴对齐。"TEC-2"指定材料"金"。"plate-1"指定材料"Orthotropic plate 2"（用户定义的材料）。确保材料的 X 轴与全局 X 轴对齐。

90

**步骤8  设置入口边界条件**（上半部分）  在 Flow Simulation 分析树中，右键单击【边界条件】并选择【插入边界条件】。

在密封盒上半部分选择入口封盖的竖直面，如图 3-22 所示。在【类型】选项组中单击【流动开口】。选择【入口速度】并指定 5m/s【垂直于面】的流动。

在【热动力参数】中，指定【温度】为 5℃。

单击【确定】。

**步骤9  设置入口边界条件**（下半部分）  在 Flow Simulation 分析树中，右键单击【边界条件】并选择【插入边界条件】。

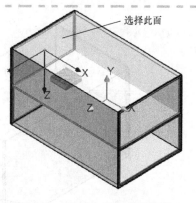

图 3-22  选择上半部分竖直面

在密封盒下半部分选择入口封盖的竖直面，如图 3-23 所示。和上面的步骤一样，指定【垂直于面】/【入口速度】的边界条件为 5m/s，指定【温度】为 20℃。

**步骤10  指定出口边界条件**（上半部分）  在 Flow Simulation 分析树中，右键单击【边界条件】并选择【插入边界条件】。

在密封盒上半部分选择出口封盖的竖直面，如图 3-24 所示。在【类型】选项组中单击【压力开口】并选择【静压】。

对于此问题而言，可以接受默认的出口压力 101325Pa 和温度 20.05℃（293.2K）。

单击【确定】。

图 3-23  选择下半部分竖直面

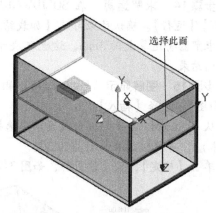

图 3-24  选择上半部分竖直面

**步骤11  指定出口边界条件**（下半部分）  对下半部分的封盖（图 3-25）指定同样的压力边界条件。

**步骤12  插入热源**  右键单击【输入数据】下的【热源】并选择【插入体积热源】。

从 FeatureManager 设计树中选择 "TEC-1"。在【参数】下，单击【温度】并输入 100℃，如图 3-26 所示。

单击【确定】。

**步骤13  为温度插入体积目标**  右键单击【输入数据】下的【目标】，选择【插入体积目标】。

91

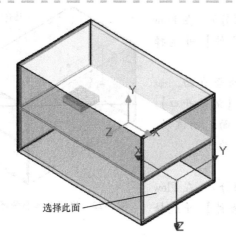

选择此面

图 3-25　选择下半部分竖直面　　　　图 3-26　插入热源

在【参数】下，滚动至【温度（固体）】并勾选【最大值】复选框。从 FeatureManager 设计树中选择 "Heat Sink"。单击【确定】。

在 Flow Simulation 分析树的【目标】下方，将出现一个新的【VG 最大值温度（固体）1】条目。用户可以将其重新命名为 "VG Max Temp of Heat Sink"。

与此类似，对零件 "TEC < 1 >" 和 "TEC < 2 >" 定义体积目标，选定【温度（固体）】并勾选【最大值】复选框。

**步骤 14　求解运算**　在 SOLIDWORKS 的【工具】/【Flow Simulation】菜单中，单击【求解】/【运行】。确认已经勾选【加载结果】复选框。

求解器将运算大约 3min，这也取决于计算机处理器的速度。求解器运算完毕，将直接访问结果。

**步骤 15　图解显示 "Heat Sink" 和 "plate" 的温度分布**　右键单击【结果】下的【表面图】，选择【插入】。

从 FeatureManager 的弹出式菜单中选择零部件 "Heat Sink" 和 "plate"。选择【温度（固体）】，将【级别数】设置为 50。

单击【确定】，显示该图解，如图 3-27 所示。

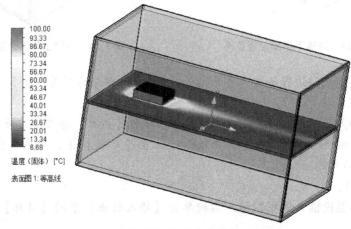

图 3-27　温度分布图解

> **提示** 为了使用此图解或其他图解的更多选项，用户可以双击彩色标尺，也可以在【工具】/【Flow Simulation】/【结果】中选择【视图设置】。

### 练习3-2 电缆

在本练习中，将对一根绝缘电缆进行一次热分析，如图3-28所示。

本练习将应用以下技术：

- 热源。
- 工程数据库。

**1. 项目描述** 这根电缆中间是直径为2mm的铜线，外部包裹着一层厚度不一的PVC绝缘材料。由于PVC的热阻和电流作用，铜线的温度为105℃。它周围空气的温度为25℃，而且PVC绝缘体和空气之间的传热系数为15W/(m² · K)。本练习的目标是计算PVC绝缘体在三个厚度(1.5mm、7mm和12mm)下的热平衡。

铜线　　PVC绝缘体

**图3-28 电缆结构**

### 操作步骤

**步骤1 打开零件文件** 从 Lesson03 \ Exercises \ Electric wire 文件夹打开文件 "Electric Wire"。

**步骤2 新建项目** 使用【向导】，按照表3-5的属性新建一个项目。

**表3-5 项目设置**

| 选 项 | 设 置 |
|---|---|
| 配置名称 | 使用当前的 Layer of insulation 1.5mm |
| 项目名称 | Layer of insulation 1.5mm |
| 单位系统 | SI (m-kg-s) (将【温度】的单位从K更改为℃) |
| 分析类型 | 内部 |
| 物理特征 | 勾选【传导率】复选框，取消勾选【流体流量】复选框 |
| 默认固体 | 从【金属】列表中选择【铜】 |
| 壁面条件 | 选择【热交换系数】<br>在【热交换系数】中输入15W/(m² · K)，在【外部流体的温度】中输入25℃ |
| 初始条件 | 默认值 |

单击【完成】。

**步骤3　初始全局网格设置**　右键单击【全局网格】并选择【编辑定义】。调节【初始网格的级别】到 3。单击【确定】。

**步骤4　定义计算域的尺寸和边界条件**　我们假设电缆无限长，而且沿着轴线方向没有热流。因此，将在 2D 中仿真模拟这个问题，如图 3-29 所示。

> 提示 在"第 4 章　外部流动瞬态分析"中将全面介绍 2D 流动模拟。

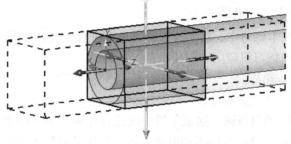

图 3-29　定义计算域

在 Flow Simulation 分析树中，在【输入数据】下方，右键单击【计算域】并选择【编辑定义】。在【类型】下方，选择【2D 模拟】，在计算域【大小和条件】中，将【Z 轴正方向边界】减小到 0.01m，设置【Z 轴负方向边界】为 0m。

> 提示 求解这个问题最高效的方式是使用 2D。将在后面的课程中介绍二维问题。

单击【确定】。

**步骤5　在数据库中新建 PVC 材料**　打开【工程数据库】，在【数据库树】下方，展开【材料】文件夹并选择【固体】/【用户定义】。在工具栏中单击【新建项目】。

**步骤6　输入材料属性**　指定下面的材料属性，见表 3-6。

表 3-6　材料属性

| 属　　性 | 数　　值 |
|---|---|
| 名称 | PVC |
| 密度 | 1379kg/m³ |
| 比热 | 1004J/(kg·K) |
| 热导率 | 0.1W/(m·K) |
| 熔点温度 | 1000K |

保存 PVC 材料信息，关闭【工程数据库】窗口。

**步骤7　指定材料**　右键单击【输入数据】下的【固体材料】并选择【插入固体材料】。从【用户定义】文件夹中选择"PVC"并应用到"Insulation"中。

> 提示 铜将被作为默认的固体材料加载到电缆中。

**步骤8　插入体积热源**　在 Flow Simulation 分析树中，右键单击【热源】并选择【插入体积热源】。

选择"Wire"，【温度】设置为 105℃。

单击【确定】。

**步骤9　定义工程目标**（表面目标）　在 Flow Simulation 分析树中，右键单击【目标】并选择【插入表面目标】。选择"Insulation"的外表面，如图 3-30 所示。在【参数】

下方，指定【温度（固体）】和【热通量】为【平均】，同时选择【换热量】。单击
【确定】。

**步骤 10　求解流体仿真项目**　此算例求解速度非常快。

**步骤 11　生成温度（固体）的切面图**　插入一个新的切面图。使用"Front"基准面
作为剖面，并偏移 0.005m。在【显示】选项中选择【等高线】。在【等高线】选项组中
选择【温度（固体）】并保持【级别数】为 20。单击【确定】生成图解，如图 3-31
所示。

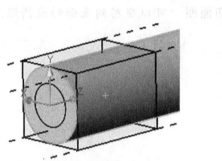
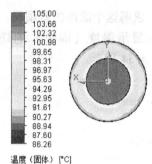

温度（固体）[°C]
切面图 1：等高线

**图 3-30　选择外表面**　　　　　**图 3-31　温度切面图**

可以观察到这个表面的最高温度高达 86℃。

**步骤 12　查看目标结果**　插入新的目标图解。在【目标】下方选择【全部目标】，勾
选【全部】复选框。单击【显示】，结果如图 3-32 所示。

| 目标名称 | 单位 | 数值 | 平均值 | 最小值 | 最大值 |
| --- | --- | --- | --- | --- | --- |
| SG 平均值 温度（固体）3 | [°C] | 86.38 | 86.38 | 86.38 | 86.38 |
| SG 平均值 热通量 1 | [W/m^2] | 920.702 | 920.702 | 920.702 | 920.702 |
| SG 换热量 2 | [W] | 0.202 | 0.202 | 0.202 | 0.202 |

**图 3-32　目标图解**

可以再次看到，绝缘体表面的平均温度为 86.4℃，指定分隔段的换热量为 0.202 W。

| 知识卡片 | 克隆项目 | 如果用户想更改一些设置，但是要保持之前项目的结果，可以使用【克隆项目】来复制一个项目到一个新的配置。一旦设置发生了更改，用户可以重新运算项目并查看新的结果，与最初的设计进行比对。 |
| --- | --- | --- |
| | 操作方法 | • 菜单：【工具】/【Flow Simulation】/【项目】/【克隆项目】。<br>• 快捷菜单：在 Flow Simulation 分析树中，右键单击项目名称，选择【克隆项目】。<br>• CommandManager：【Flow Simulation】/【克隆项目】。 |

**步骤 13　克隆项目**　在 Flow Simulation 分析树中右键单击项目名称，选择【克隆
项目】。

在【项目名称】中输入"Layer of Insulation 7mm"。在【配置】下方选择【选择】，
勾选【Layer of Insulation 7mm】复选框。【复制结果】前面的复选框仍然保持未勾选状态，
如图 3-33 所示。单击【确定】。

在指示计算域或网格设置将被重置的两条警告消息中单击两次【是】。

这一步将新建一个项目 "Layer of Insulation 7mm"，并与配置 "Layer of Insulation 7mm" 相关联。前一项目的所有设置都将复制到这个新的项目中。

**步骤 14  定义计算域的尺寸和边界条件**  由于模型的大小发生了变化，计算域的大小需要重新编辑。对计算域【编辑定义】，在【大小和条件】下方单击【重置】，将【Z 轴正方向边界】减小到 0.01m，设置【Z 轴负方向边界】为 0m。其他设置保持不变，单击【确定】。

**步骤 15  求解这个流体仿真项目**  此分析求解速度仍然很快。

**步骤 16  显示温度（固体）的切面图**  可以观察到表面的最高温度降低到大约 50.3℃，如图 3-34 所示。

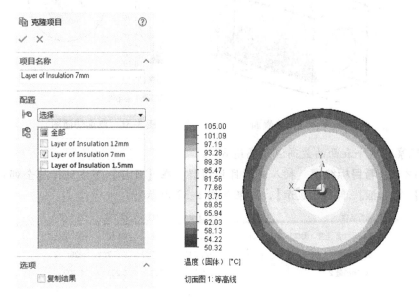

图 3-33  克隆项目          图 3-34  温度切面图

**步骤 17  查看目标结果**  对已有目标图解【编辑定义】，然后单击【显示】，结果如图 3-35 所示。

| 目标名称 | 单位 | 数值 | 平均值 | 最小值 | 最大值 |
| --- | --- | --- | --- | --- | --- |
| SG 平均值 温度（固体）3 | [°C] | 50.46 | 50.46 | 50.46 | 50.46 |
| SG 平均值 热通量 1 | [W/m^2] | 381.934 | 381.934 | 381.934 | 381.934 |
| SG 换热量 2 | [W] | 0.216 | 0.216 | 0.216 | 0.216 |

图 3-35  目标图解

绝缘体表面的平均温度降低到 50.5℃，但是换热量增到 0.216W。7mm 厚的绝缘体不但降低了外表面的温度，而且提高了换热量。这是由于扩大了与周围空气的接触面积所导致的。

**步骤18 对12mm绝缘体的情况创建项目并求解问题** 按照步骤13~15的内容克隆项目，求解12mm厚度绝缘体下的仿真结果。

**步骤19 显示温度（固体）的切面图** 和预期的一样，绝缘体表面最高温度又一次降低了，这一次降到大约41.15℃，如图3-36所示。

**步骤20 查看目标结果** 对已有目标图解【编辑定义】，然后单击【显示】，结果如图3-37所示。

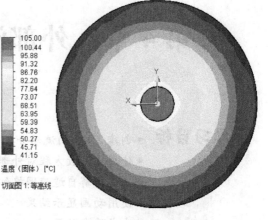

温度（固体）[℃]
切面图1：等高线

**图3-36 温度切面图**

| 目标名称 | 单位 | 数值 | 平均值 | 最小值 | 最大值 |
|---|---|---|---|---|---|
| SG 平均值 温度（固体）3 | [℃] | 41.27 | 41.27 | 41.27 | 41.27 |
| SG 平均值 热通量 1 | [W/m^2] | 243.989 | 243.989 | 243.989 | 243.989 |
| SG 换热量 2 | [W] | 0.184 | 0.184 | 0.184 | 0.184 |

**图3-37 目标图解**

绝缘体表面的平均温度再次降低到41.3℃，同时换热量降到0.184W。12mm厚的绝缘体导致外表面温度降低，但是保留了更多热量在系统中。

当绝缘体半径增加到某一个值时，与空气接触的绝缘体增大的表面积不能抵消增加的大部分绝缘。

**2. 总结** 在本练习中，我们分析了一根由PVC绝缘体包裹铜芯的电缆。在一个常规直壁上添加绝缘体通常会减少热传递，这是符合预期的。然而，对于圆柱体和球体这样的几何体，这种现象并不明显。在这个练习中也展示了这样的现象：最初，随着绝缘体半径增大，外表面的温度会降低，换热量会增加。这是由于扩大了与周围空气的接触面积所导致的。然而，随着将半径持续增大，虽然外表面的温度会持续降低，但是换热量也开始降低。

绝缘体存在一个临界半径，它对应的换热量最大。这个厚度可以对由自身加热的绝缘铜线提供最佳冷却方案。

# 第4章 外部流动瞬态分析

**学习目标**
- 创建2D平面流动分析
- 使用雷诺数方程对外部流动分析应用速度边界条件
- 使用求解自适应网格细化选项
- 使用动画显示结果
- 生成瞬态动画

## 4.1 实例分析：圆柱绕流

在本章中，在分析围绕圆柱体的流体流动时，需要使用二维平面流动。由于流体围绕固体流动，而且并不流入固体之中，因此将其视为外部流动。在定义速度边界条件时将会用到雷诺数方程和自适应网格技术，确保在这个仿真中可以使用优质的网格。

本例的流动样式取决于雷诺数，而雷诺数又与圆柱体的直径相关。在低雷诺数($4 < Re < 60$)下，在圆柱体的尾部会形成两个稳定的漩涡并依附在圆柱体上，如图4-1所示。

在稍高的雷诺数下，流动变得不稳定起来，而且在通过圆柱体的尾迹区域会出现卡门涡街。而且，在 $Re > 60$ 甚至 $Re > 100$ 时，附着在圆柱体上的漩涡并始发生振荡，并从圆柱体上脱离，流动样式如图4-2所示。

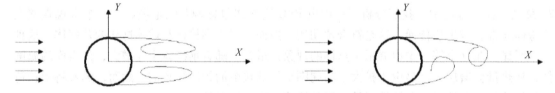

**图4-1** 在低雷诺数($4 < Re < 60$)下流过圆柱体　　**图4-2** 在稍高雷诺数($Re > 60$ 甚至 $Re > 100$)下流过圆柱体

## 4.2 项目描述

温度和压力分别为 293.2K 和 1atm(1atm = 101325Pa)的水流过直径为 0.01m 的圆柱体，如图4-3所示。当流体流动的雷诺数($Re$)为 140 时，计算其对应的阻力系数。

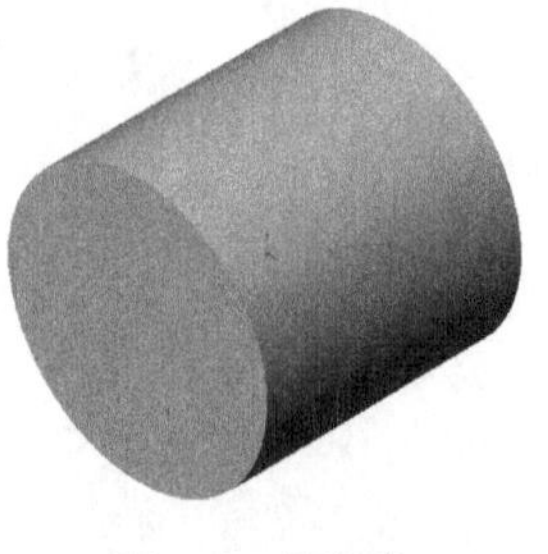

输入1%作为来流的湍流强度。本章的后面部分还会更加深入地讨论湍流强度。

该项目的关键步骤如下：

（1）生成项目　使用【向导】创建一个外部流动分析。

（2）定义计算域　可以在模型中使用对称条件，以简化计算域。

（3）设置自适应网格细化　将使用自适应网格划分技术，以确保

**图4-3　圆柱体**

在高湍流区域能够生成高质量的网格。

（4）明确计算目标　用户将特定参数指定为目标，并在运行分析后获得相关信息。

（5）运行分析

（6）后处理结果　使用 SOLIDWORKS Flow Simulation 的各种选项对结果进行后处理。

## 4.3　雷诺数

雷诺数是一个无量纲的数值，经常用于区分流体不同流态（例如层流或湍流）的特性。它是流体流动中惯性力与黏性力的比值度量。在低雷诺数下，黏性力占主导地位，流动表现为层流。当惯性力占主导地位时，将发生湍流，且对应的雷诺数也更高。

雷诺数的计算公式为

$$Re = \frac{\rho v L}{\mu}$$

式中，$\rho$ 为流体的密度；$v$ 为平均速度；$L$ 为特征长度；$\mu$ 为流体的动力黏度。

## 4.4　外部流动

本实例的目的是观察围绕固体而不是流入固体的流体流动形态，因此选用外部流动实例。外部流动实例无须定义入口和出口边界条件的封盖。本实例需要对整个计算域定义流动条件。

### 操作步骤

**步骤 1　打开零件文件**　打开 Lesson04 \ Case Study 文件夹下的文件"cylinder"。

**步骤 2　新建项目**　使用【向导】，按照表 4-1 新建一个项目。

扫码看视频

表 4-1　项目设置

| 选　　项 | 设　　置 |
|---|---|
| 配置名称 | 使用当前的 Default |
| 项目名称 | Re 140 |
| 单位系统 | SI（m- kg- s） |
| 分析类型<br>物理特征 | 外部<br>对这个特定模型，没有必要勾选【排除不具备流动条件的腔】复选框，因为不存在内部空间<br>勾选【瞬态分析】复选框<br>在【分析总时间】框中，输入 80s<br>在【输出时间步长】框中，输入 4s |
| 默认流体 | 在【液体】列表中，双击【水】 |
| 壁面条件 | 在【默认壁面热条件】列表中，选择【绝热壁面】<br>在【粗糙度】框中，输入【0μm】 |
| 初始条件和环境条件 | 在【速度参数】下，单击【X 方向的速度】输入框<br>单击【相关性】按钮，在【相关性】对话框中，【相关性类型】选择【公式定义】<br>在【公式】文本框中，输入 140 *（0.00101241/0.01/998.19）。这是求解自由流速度的雷诺数计算公式。单击【确定】<br>在【湍流参数】中，设置【湍流强度】为 1% |

单击【完成】。

## 4.5  瞬态分析

比较有趣的是，Flow Simulation 的求解器假设所有的分析都是瞬态的。对一个"稳态"分析而言，求解器也是运行瞬态分析，并观察流动区域的收敛，进而判断分析是否达到稳定状态。

在使用【向导】时特意将这个分析定义为【瞬态分析】，因此可以研究脱流的发展。当选择此项后，让分析运算 80s，并每隔 4s 保存一次。之所以选择 80s，是为了给流动足够的时间进行发展；而选定 4s，是为了确保结果演变比较平稳。

注意，4s 并非所选的时间步长，只有时间步长上的结果才会得到保存。因此，分析会对 21（80/4 +1，初始时间也算 1 步）个时间步长保存结果。基于此，并不清楚对时间步长会使用什么样的求解器，只是其结果会每隔 4s 保存一次。

100

讨论？

> 如果不使用【瞬态分析】选项并尝试求解本问题，请试想一下会发生什么状况。求解器将运行瞬态分析并寻求其稳态解。由这个问题的特性（湍流漩涡以振荡的方式脱离圆柱体）决定，稳态解并不存在，而且求解也不会达到收敛的结果。如果得到了收敛的结果，则最终结果不会是完全准确的，这是振荡脱离的时间相关特性所决定的。

值得重视的是，对于这类问题稳态解要么不可能收敛，要么不符合物理逻辑，因为流动区域是不稳定的。在这些情况下，非常有必要运行这个瞬态分析，以全面理解流动区域的特性。

## 4.6  湍流强度

湍流可以归为两类：脉动流和有序流。湍流强度的定义是脉动速度除以平均（也就是自由流）速度再乘以 100。

一般来讲，湍流是一个极其复杂的现象，即便从理论的观点也不能完全解释。因此，流动的湍流强度也只能从一系列的实验中获取。

SOLIDWORKS Flow Simulation 对外部流动的湍流强度设置默认数值为 0.1%，对内部流动的湍流强度设置默认数值为 2%。严格来说，这个数值非常难以获得。然而，流过圆柱体的例子已经被研究得很透彻了，1% 这个数值在实验和分析中都得到了验证。

所选湍流强度的默认值可以对绝大多数的问题提供最大限度的准确结果。推荐用户采用这些默认的数值，除非用户对该问题研究得非常透彻并知道湍流强度的大小。本例中采用 1% 这个数值，只是因为这个问题被研究得非常透彻了。

## 4.7  求解自适应网格细化

求解自适应网格划分的方法是在计算过程中，配合计算网格达到最优求解结果。求解自适应网格方法会在梯度高的流域细分网格单元，而在梯度低的区域合并网格单元。图 4-4 所示给出了自适应网格划分方法的实例。SOLID-WORKS Flow Simulation 允许用户更改控制默认的求解自适应网格划分过程的参数数值。

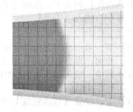

a) 几何细化

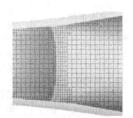

b) 求解自适应细化

图 4-4  自适应网格划分

## 4.8　二维流动

概括地讲，流体动力学是一门研究三维流动的学科。压力、速度、温度及其他流体属性在各个方向都可能显著变化。在计算流体力学中，计算每个维度上的这些属性将是非常耗时的。然而在通常情况下，这些属性可能只在一维（例如管道流）或二维（例如圆柱绕流）发生变化，这样可以极大地减少计算时间。在本例中，假设圆柱体无限长，因此沿着圆柱的长度方向（Z 方向），流域不会发生改变。可以利用对称性使用平面流动来模拟流动。

**步骤 3　初始全局网格设置**　右键单击【全局网格】并选择【编辑定义】，调节【初始网格的级别】到 5。

**步骤 4　定义流动对称条件和域的大小**　在 Flow Simulation 分析树中，右键单击【输入数据】下的【计算域】🔲，选择【编辑定义】。

在【类型】选项组中单击【2D 模拟】，选择【XY 平面】。在计算域的【大小和条件】选项组中，按图 4-5 所示输入对应的尺寸。

> 提示　在 Z 方向，边界类型和尺寸被分别自动设置为【对称】和 ±0.001m。

单击【确定】✔。

对这个问题来说，不需要指定其他的边界条件。

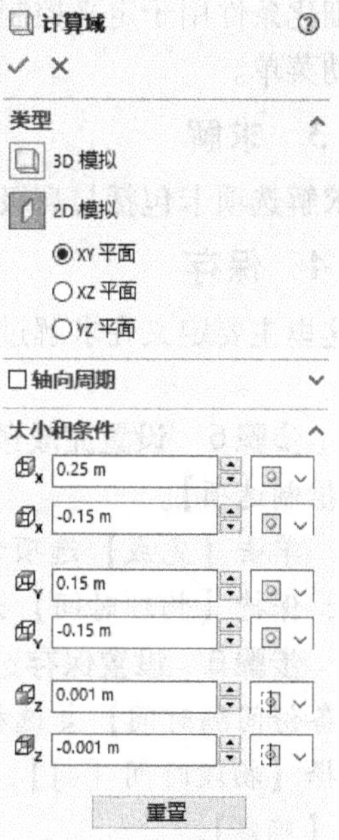

图 4-5　设置计算域

## 4.9　计算域

对大多数外部流动分析来说，默认的计算域是满足需要的。然而对于这个例子而言，希望在流体接触到圆柱体和离开计算域时，流域能够得到充分发展。因此需要手工编辑这些尺寸的大小，以确保能够捕捉到充分发展的流域。

## 4.10　计算控制选项

【计算控制选项】用于定义求解器的参数。【计算控制选项】对话框有 4 个选项卡，分别定义不同的设置：【完成】、【细化】、【保存】和【求解】。

### 4.10.1　完成

结束条件主要用于定义求解器判定达到收敛的时机以及求解器收敛测试时要包含的目标。求解完成时还可以通过电子邮件发送通知。当判定求解器收敛的时机时，可以借助 6 个不同的选项。

（1）目标收敛　在计算停止之前，定义目标是否达到收敛。

（2）物理时间　指定分析所需的最大物理时间。在这个实例中，在使用向导设定分析时，已经在最大物理时间中输入了 80s。

（3）迭代次数 在完成计算之前，定义求解器的最大迭代数。

（4）行程 流体从计算域完全流过一次的时间被定义为一个行程。它用于定义在计算过程中最大的行程数。

（5）计算时间 指定计算将耗费的最大时间。

（6）细化 这个参数用于定义当自适应网格细化处于激活状态时，在计算过程中有多少个网格可以细化。

## 4.10.2 细化

细化条件用于定义控制求解自适应网格细化的参数。如果想了解更多这些参数的信息，请参考帮助菜单。

## 4.10.3 求解

求解选项卡包括与高级求解相关的选项，例如时间步长、嵌套迭代、流动冻结及其他选项。

## 4.10.4 保存

这里主要定义在求解过程中结果保存的时间。

---

**步骤5 设置完成条件** 在 Flow Simulation 分析中右键单击【输入数据】并选择【计算控制选项】。

单击【完成】选项卡。对于一个仿真，有多种【停止标准】可以选择。在这个例子中，保持【物理时间】为默认的 80s。

**步骤6 设置保存选项** 单击【保存】选项卡，确保勾选【细化前先保存】和【保存备份间隔时间】复选框。在【完整结果】内，勾选【周期性】复选框，从下拉列表中选择【物理时间 [s]】，【开始】输入 0s，【周期】输入 1s，如图 4-6 所示。此时不要单击【确定】。

**步骤7 设置计算细化** 单击【细化】选项卡，如图 4-7 所示。

为【全局域】选择【级别 = 2】。勾选【近似最大网格】复选框并输入数值 750000。在【细化策略】列表中，选择【周期性】。为【周期】选择【手动】并输入 1s。单击【确定】。

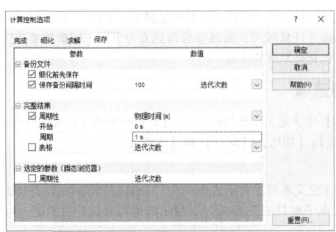

图 4-6 设置保存选项

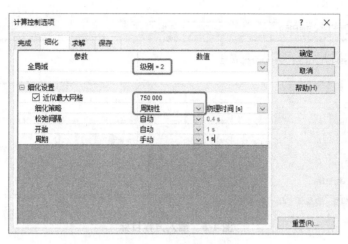

图 4-7 设置计算细化

> 提示    更多关于【求解自适应设置】的信息，请在【计算控制选项】窗口的【细化】选项卡中单击【帮助】。

**步骤 8 定义工程目标** 在 Flow Simulation 分析树中，右键单击【目标】并选择【插入全局目标】。

在【参数】列表中，勾选【力（X）】对应的复选框。单击【确定】。

## 4.10.5 阻力方程

阻力方程定义式为

$$F_d = \frac{1}{2}\rho v^2 C_d A$$

式中，$\rho$ 为流体的密度；$v$ 为自由流的速度；$A$ 为前沿面积（来流所见面积）；$C_d$ 为阻力系数，不同形状的物体具有不同的阻力系数，不同雷诺数下的流动也会影响到阻力系数的大小。

> 注意    阻力方程基于非常理想化的情形，只是作为一个近似值。

**步骤 9 插入方程目标** 使用阻力方程和力的 X 分量来求解阻力系数。

在 Flow Simulation 分析树中，右键单击【目标】并选择【插入方程目标】。

从 Flow Simulation 分析树中选择全局目标"GG 力（X）1"，将其添加到【表达式】框中。在【表达式】框中，手工输入"*2*998.19/1.01241e-3^2*0.01/（2*0.001）/140^2"以完成这个方程式。该方程式组合了阻力方程和雷诺数方程。

在【量纲】列表中，单击【无单位】。单击【确定】✓，如图 4-8 所示。

**步骤 10 重命名该方程目标为 $C_d$** $C_d$ 就是阻力系数。

**步骤 11 运行分析** 请确认已经勾选【加载结果】复选框。单击【运行】。求解器大约需要 10min 时间进行运算。

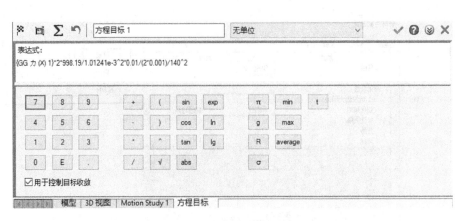

图 4-8　插入方程目标

**步骤 12　生成切面图**　选择"Plane1"基准面，定义一个【压力】切面图。

在【显示】选项组中选择【等高线】和【矢量】。选择【静压】并设定【级别数】为 100。单击【确定】，显示该图解，如图 4-9 所示。

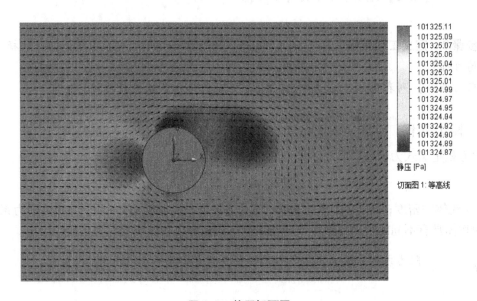

图 4-9　静压切面图

提示　最大和最小压力的差值为 0.24Pa。

## 4.10.6　不稳定漩涡脱离

在 $Re > 60$ 甚至 $Re > 100$ 时，漩涡在阻力和侧面力的作用下开始发生振荡而变得不稳定，使其从圆柱体上脱离出来，并在流过圆柱体之后的区域形成卡门涡街。图 4-10 所示为绕过圆柱体的 X 方向速度场切面图。

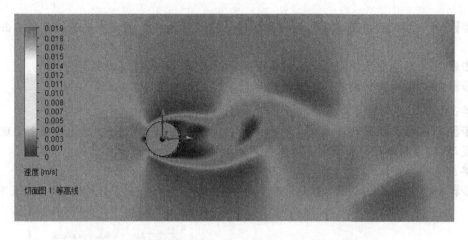

**图 4-10    $Re = 140$ 时绕过圆柱体的 X 方向速度场切面图**

**步骤 13  查看带网格的切面图**    在 Flow Simulation 分析树中,右键单击【结果】/【切面图】下的"切面图 1",选择【编辑定义】。单击【等高线】和【矢量】,取消对它们的选定状态。单击【网格】并选择【确定】,如图 4-11 所示。

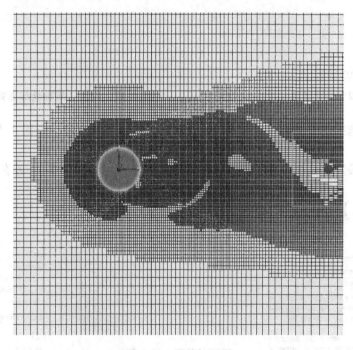

**图 4-11    网格切面图**

## 4.11    时间动画

在本书"第 1 章"中已经介绍了结果动画,在动画中剖分基准面沿着模型移动以观察结果在特定时间(或在稳态分析结束时)变化的过程。下面的步骤将演示如何在一个固定的位置生成一个瞬态的动画。

步骤14　编辑切面图　编辑"切面图1"，取消【网格】的选中状态，重新单击【等高线】。

步骤15　动画显示切面图　右键单击"切面图1"并选择【动画】。

步骤16　使用向导设置动画　【展开】屏幕底部的动画工具栏。

单击动画工具栏的【向导】 ，如图4-12所示。

步骤17　删除现有轨迹　在【动画向导】的第一个页面中，勾选【删除全部现有轨迹】复选框。【动画时间】保持10s不变，如图4-13所示。

单击【下一页】。

步骤18　指定视图动画　默认情况下模型在动画中不转动，这里保持这个默认设置不变。

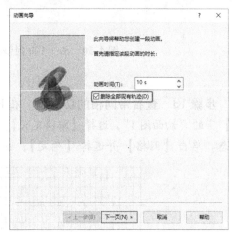

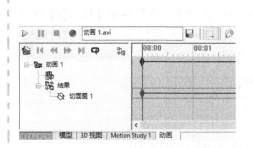

图4-12　设置动画

图4-13　勾选【删除全部现有轨迹】复选框

步骤19　选择动画类型　在第三个页面中，选择【方案】，如图4-14所示。单击【下一页】。

步骤20　设置单位和分布　在第四个页面中，选择【均匀分布】，并在【单位】中指定【物理时间】，如图4-15所示。

单击【完成】。

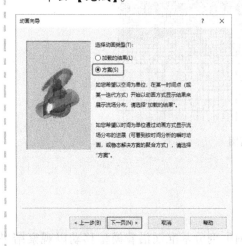

图4-14　选择动画类型

图4-15　设置单位和分布

将鼠标指针移至"动画1"的时间刻度线上方，弹出的提示信息如图4-16所示。

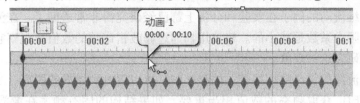

图4-16　提示信息

**提示** 用户也可以拖动最后一个控制点(钻石形状的图标)，以调整"动画1"一次所需的持续时间，如图4-17所示。

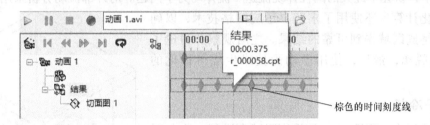

图4-17　调整持续时间

棕色的时间刻度线表示加载到内存中的结果实例。

**步骤21　插入控制点**　右键单击刻度为零的时间刻度线(请确认使用的是"切面图1")，选择【插入控制点】，如图4-18所示。

图4-18　插入控制点

在零刻度线选择插入控制点，拖动时间刻度线到10s的位置，如图4-19所示。

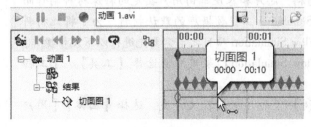

图4-19　设置时间为10s

**步骤22　单击播放**　用户还可以单击【记录】，将动画保存在磁盘中。

**步骤23　保存并关闭该零件**

## 4.12 讨论

绕圆柱体的二维流动的例子在实验和分析上都已经研究得非常透彻了。在流动中随着雷诺数的增大，圆柱体的阻力系数是减小的。建议用户通过修改雷诺数的数值来观察它对阻力系数的影响，进而更深入地研究这一现象。

在给定一个与流体的雷诺数直接相关的频率时，可以观测到漩涡的脱离。当设计一个容易出现这类脱流的结构时，获取频率的数值相当重要。如果结构的固有频率在漩涡脱离的频率范围内，则结构可能会失去刚度，甚至破裂损坏。

## 4.13 总结

在本章中，研究了经典的圆柱体绕流这一流体动力学问题。对外部流动分析采用了对称的边界条件来简化计算，还使用了求解自适应网格技术，以确保圆柱体的尾迹区域得到可靠的结果。之后观察并讨论了湍流及漩涡脱离，最后，使用了动画技术生成可视化的流动。

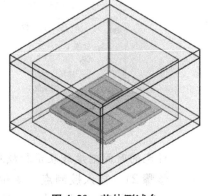

### 练习　电子冷却

在这个练习中，需要对一个芯片测试台进行一次与时间相关的传热分析。

本练习将应用以下技术：

- 工程目标。
- 热源。

**图 4-20　芯片测试台**

**项目描述：**

四颗芯片由特殊的材料制作而成，放置在陶瓷基座上，并处于铝质外壳中，如图 4-20 所示。芯片可以产生 2W 的热量，并在不同的时间增加点进行开关操作。空气从一侧以 $0.15\mathrm{ft}^3/\mathrm{min}$ 的流量吹入外壳中，对芯片进行冷却。

在 1s 以后，确定外壳内部的温度分布。

**操作步骤**

**步骤 1　打开装配体文件**　在 Lesson04\Exercises 文件夹下打开文件"COMPUTER CHIP"。

**步骤 2　新建材料**　芯片和基座都由用户指定的特殊材料制作而成，这些并非 Flow Simulation 工程数据库的默认材料。为了将此材料添加进来，在设置 Flow Simulation 项目之前需要先进行以下几步操作：

从【工具】/【Flow Simulation】菜单中，选择【工具】/【工程数据库】。

展开【数据库树】下的【材料】文件夹，选择【固体】/【用户定义】。

在工程数据库工具栏中单击【新建项目】$\square$，或右键单击【用户定义】文件夹并选择【新建项目】，如图 4-21 所示。

**步骤 3　输入材料属性**　将出现一个空白的【项目属性】选项

**图 4-21　新建材料**

卡。按照表4-2指定材料的属性(双击空白的单元格并设置对应的属性值)。

表4-2 材料属性

| 属性 | 数值 | 属性 | 数值 |
|---|---|---|---|
| 名称 | Chip Material | 热导率 | 130W/(m·K) |
| 密度 | 2330kg/m³ | 熔点温度 | 1000K |
| 比热 | 670J/(kg·K) | | |

单击【保存】。

提示     单击【表和曲线】选项卡,用户还可以输入与温度相关的材料属性。

**步骤4 新增基座材料** 切换到【项目】选项卡,重复上面的步骤,按照表4-3列出的属性值添加基座的材料。

表4-3 材料属性

| 属性 | 数值 | 属性 | 数值 |
|---|---|---|---|
| 名称 | Ceramic Porcelain | 热导率 | 1.4949W/(m·K) |
| 密度 | 2330kg/m³ | 熔点温度 | 1000K |
| 比热 | 877.96J/(kg·K) | | |

单击【文件】/【退出】,关闭工程数据库。

**步骤5 新建项目** 单击SOLIDWORKS的【工具】/【Flow Simulation】/【项目】/【向导】。使用向导,按照表4-4的属性值新建一个项目。

表4-4 项目设置

| 项目名称 | 设置选项 |
|---|---|
| 配置名称 | 使用当前的 Default |
| 项目名称 | Transient Heat Source |
| 单位系统 | SI(m-kg-s),更改【温度】的单位为℃ |
| 分析类型<br>物理特征 | 内部<br>勾选【传导率】复选框<br>勾选【瞬态分析】复选框,在【分析总时间】框中输入1s,在【输出时间步长】中输入0.1s |
| 默认流体 | 在【气体】列表中双击【空气】 |
| 默认固体 | 【默认固体】设为刚才自定义的【Ceramic Porcelain】 |
| 壁面条件 | 在【默认外壁面热条件】列表中,选择【绝热壁面】<br>在【粗糙度】框中,输入【0μm】 |
| 初始条件 | 默认值 |

单击【完成】。

**步骤6 设置初始全局网格** 右键单击【全局网格】并选择【编辑定义】。保持【初始网格的级别】为1,设置【最小缝隙尺寸】为0.00254m,单击【确定】。

**步骤7 应用入口边界条件** 在Flow Simulation分析树中,右键单击【输入数据】下的【边界条件】,选择【插入边界条件】。

选择外壳的内侧表面,如图4-22所示。

在【边界条件】属性框中，选择【类型】选项组中的【流动开口】，并在【边界条件的类型】中选择【入口体积流量】。在【流动参数】选项组中，单击【垂直于面】，并在【体积流量垂直于面】中输入 0.005 $m^3$/s。单击【确定】。

**步骤8　应用出口边界条件**　参照上面的步骤，右键单击【边界条件】并选择【插入边界条件】。

选择外壳对立的内侧表面，如图 4-23 所示。

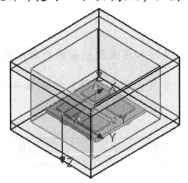
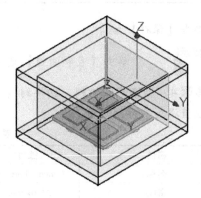

图 4-22　设置入口边界条件　　　　图 4-23　设置出口边界条件

在【边界条件】属性框中，选择【类型】选项组中的【压力开口】，并在【边界条件的类型】中选择【静压】。单击【确定】，接受默认的环境参数。

**步骤9　为"Chip <1>"应用热源**　需要指定热源来模拟芯片的产热。在 Flow Simulation 分析树中，右键单击【热源】，选择【插入体积热源】。

选择零件"Chip <1>"，在【参数】选项组中选择【热功耗】。

单击【相关性】 $f_x$，如图 4-24 所示。在【相关性】对话框中，选择【F(时间)-表】并输入表 4-5 中的数值，或直接从本章的练习文件提供的 Excel 文件中复制这些数值。

选择【预览图表】，显示用户输入数值对应的图表，单击【确定】。

单击【确定】 ✓，关闭【体积热源】窗口。

图 4-24　加载热源

在 Flow Simulation 分析树中，将【热源】下的"VS 热功耗 1"重新命名为"VS Chip1-1"。

表 4-5　F（时间）-表数值的设置

| 值 $t$/s | 值 $f(t)$/W | 值 $t$/s | 值 $f(t)$/W |
|---|---|---|---|
| 0 | 2 | 0.5 | 0 |
| 0.099 | 2 | 0.799 | 0 |
| 0.1 | 0 | 0.8 | 2 |
| 0.399 | 0 | 0.899 | 2 |
| 0.4 | 2 | 0.9 | 0 |
| 0.499 | 2 | 1.0 | 0 |

- 剪切并粘贴热源数据　在体积热源的【相关性】表格对话框中，用户可以在表格中单击并拖动鼠标光标以高亮选中所有数值。在高亮显示的表格中使用右键单击没有丝毫作用，但是如果用户按下 < Ctrl + C > ，则可以将其内容复制到粘贴板中。当用户打开一个新的热源【相关性】表格时，选择表格的第一个单元并按下 < Ctrl + V > ，则所有数值就会正确地复制到表格中。用户还可以修改每颗芯片热载荷的时间点，以确保热量是在不同时间间隔下加载的。

步骤10　打开"Heat Transfer. xls"以获取所有芯片的输入数据　重复前面的步骤，对"Chip < 2 >""Chip < 3 >"和"Chip < 4 >"加载体积热源，使用表4-6中列出的数据，或直接使用 Lesson 04\Exercises\Heat Transfer. xls 中的数据。

表4-6　芯片的输入数据

| Chip < 2 > | | Chip < 3 > | | Chip < 4 > | |
|---|---|---|---|---|---|
| 值 $t/s$ | 值 $f(t)/W$ | 值 $t/s$ | 值 $f(t)/W$ | 值 $t/s$ | 值 $f(t)/W$ |
| 0 | 0 | 0 | 0 | 0 | 0 |
| 0.099 | 0 | 0.199 | 0 | 0.299 | 0 |
| 0.1 | 2 | 0.2 | 2 | 0.3 | 2 |
| 0.199 | 2 | 0.299 | 2 | 0.399 | 2 |
| 0.2 | 0 | 0.3 | 0 | 0.4 | 0 |
| 0.499 | 0 | 0.599 | 0 | 0.699 | 0 |
| 0.5 | 2 | 0.6 | 2 | 0.7 | 2 |
| 0.599 | 2 | 0.699 | 2 | 0.799 | 2 |
| 0.6 | 0 | 0.7 | 0 | 0.8 | 0 |
| 0.899 | 0 | 1.0 | 0 | 1.0 | 0 |
| 0.9 | 2 | | | | |
| 1.0 | 2 | | | | |

步骤11　查看所有芯片的体积热源图表（图4-25）

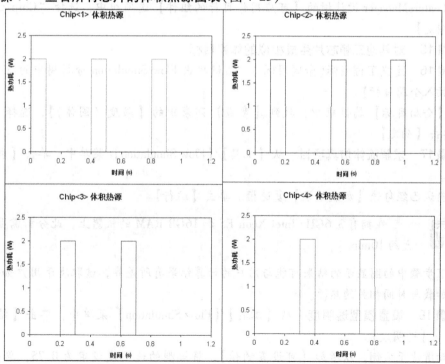

图4-25　体积热源图表

**步骤 12　为芯片指定材料条件**　在 Flow Simulation 分析树中，右键单击【固体材料】并选择【插入固体材料】。

在【选择】选项组中，选择 "Chip < 1 >" "Chip < 2 >" "Chip < 3 >" 和 "Chip < 4 >"。在【固体】选项组中，浏览【用户定义】并为所有芯片指定【Chip Material】，如图 4-26 所示。单击【确定】✔。

**步骤 13　为封盖指定材料**　和上面的步骤相似，对 "Top Cover-1" "Bottom Cover-1" 和 "Enclosure" 指定【铝】（从【预定义】的材料目录下选取）。

> **提示** 　因为已经使用【向导】将默认的材料设置为【Ceramic Porcelain（陶瓷）】，剩余没有选择的零部件（"Substrate < 1 >" 和 "Stand-offs < 1 >"）将被自动指定为【Ceramic Porcelain】材料。用户也可以自行检验默认的材料，只需右键单击 Flow Simulation 分析树中的输入数据并选择【常规设置】/【固体】。

图 4-26　指定芯片材料

**步骤 14　定义工程目标（体积目标）**　右键单击 Flow Simulation 分析树中的【目标】，选择【插入体积目标】。

在【体积目标】属性框中，找到【参数】列表中的【温度（固体）】，勾选【最大值】复选框。

在 FeatureManager 设计树的【可应用体目标的组件】选项组中，选择 "Chip < 1 >"。单击【确定】。

**步骤 15　对其他三颗芯片生成相似的体积目标**

**步骤 16　定义工程目标（全局目标）**　右键单击 Flow Simulation 分析树中的【目标】，选择【插入全局目标】。

在【全局目标】属性框中，找到【参数】列表中的【温度（固体）】，选择【最大值】，单击【确定】。

**步骤 17　求解流体仿真项目**　从【工具】/【Flow Simulation】菜单中，单击【求解】/【运行】。

请确认已经勾选【加载结果】复选框。单击【运行】。

> **提示** 　在拥有 3.6GHz Intel Xeon E5 和 16GB RAM 的机器上，此分析需要计算大约 10min。

以下步骤中的图显示的结果可能与用户的计算结果有所差异，这取决于用户如何对每颗芯片加载与时间相关的热源。

**步骤 18　设置模型透明度**　从【工具】/【Flow Simulation】菜单中，单击【结果】/【显示】/【透明度】。

移动滑块至右侧，以增加【可设置的值】，将模型的透明度设定为 0.75，单击【确定】。

\*.fld 文件包含所有时间步的结果，当然也包含最后一个时间步。在 Flow Simulation 项目的文件夹下还有其他 10 个称为 "r_00xxx.fld" 的结果文件，其中 xxx 代表特定的迭代序号，分别对应 0.1s，0.2s，0.3s，…，1.0s 的保存时间。

**步骤 19　生成切面图**　在 Flow Simulation 分析树中，右键单击【结果】下方的【切面图】，然后选择【插入】。

请确认在【剖切平面、平的面或曲线】选项组中，选择 "Top" 视图基准面，在【偏移】中输入 −0.005m。

在【显示】选项组中单击【等高线】和【矢量】。在【等高线】选项组中选择【温度】并将【级别数】提高到 50。单击【确定】，关闭【切面图】窗口，如图 4-27 所示。

图 4-27　温度切面图

**步骤 20　隐藏 "切面图 1"**

**步骤 21　生成表面图**　确认 "Enclosure <1>" 和 "Top and Bottom Covers <1>" 这两个零部件是透明显示或者被隐藏起来的。

选择 "Chip <1>" "Chip <2>" "Chip <3>" "Chip <4>" "Substrate <1>" 和 "Stand-offs <1>"，生成表面图。

在【显示】选项组中单击【等高线】。在【等高线】选项组中选择【温度（固体）】并将【级别数】提高到 50。单击【确定】，如图 4-28 所示。

**步骤 22　查看流动迹线**　在 Flow Simulation 分析树中，右键单击【流动迹线】并选择【插入】。

选择 "Right" 基准面作为参考。在【外观】选项组中，单击【静态迹线】，选择【带箭头的线】。在【约束条件】选项组的【最大长度】文本框中输入数值 0.75m。单击【确定】。

**步骤 23　查看结果**　右键单击【结果】下的【目标图】并选择【插入】。

选择目标下的【全部】，并在【横坐标】中指定【物理时间】。在【选项】下方勾选【按参数对图表分组】复选框，方便在一个图中查看所有温度目标图解。单击【导出到 Excel】。

一张 Excel 的电子表格将会打开。电子表格显示了每颗芯片总体温度与物理时间的函数关系的简要信息，如图 4-29 所示。

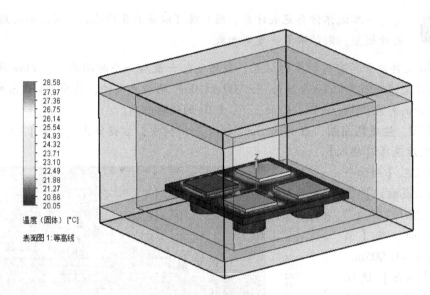

图 4-28　温度表面图

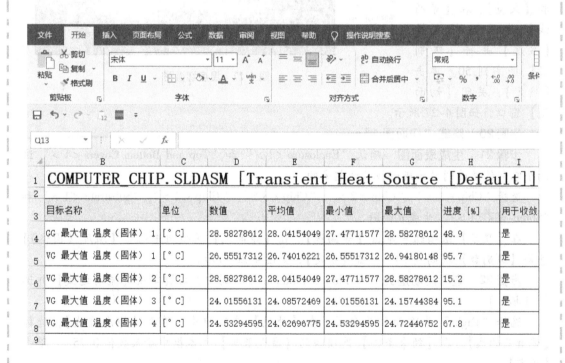

图 4-29　在 Excel 表格中查看结果

**步骤24　查看图解**　在 Excel 文件中，在电子表格的底部选择【温度（固体）】选项卡。该图解显示了每颗芯片的温度与时间的函数关系，如图 4-30 所示。

在 Excel 文件中，用户可以选择【图数据】选项卡，以查看用于生成上述图解的准确数值。

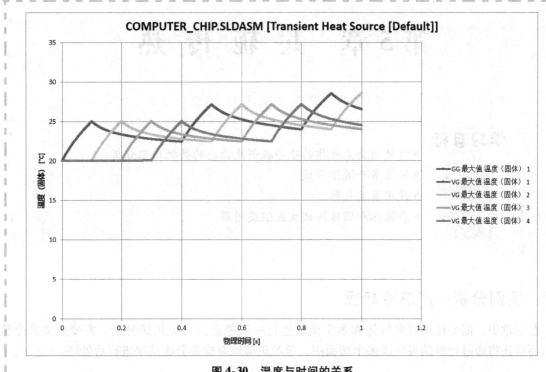

**图 4-30　温度与时间的关系**

# 第5章 共轭传热

**学习目标**
- 对使用真实气体的冷却板创建稳态的共轭传热分析
- 定义多个流体区域
- 使用真实气体
- 在流体和固体区域生成温度图解

## 5.1 实例分析：产热冷却板

在本章中，需要使用真实气体和多个流域进行一次稳态的共轭传热分析。需要定义多个流域，而且还将通过计算结果生成多个切面图，学习正确地对这类分析结果进行后处理。

## 5.2 项目描述

一块产热的冷却板置于开放的大气环境中，板的顶面可以产生 200W 的热量。该板由冷却管进行冷却，如图 5-1 所示。管道内的流动介质为 R-123，并从入口以 0.001kg/s 的流量和 −5℃ 的温度流入管道。

从平板和周围的空气来查看稳态的温度分布。

该项目的关键步骤如下：

（1）新建项目 使用【向导】，新建一个瞬态传热分析。

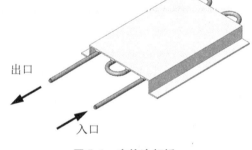

图 5-1 产热冷却板

（2）定义流体子域 由于模型中不只存在一种流体，有必要定义独立的流体子域。

（3）应用边界条件 必须定义流体流入和流出外壳的条件。

（4）指定热源 要定义热量进入模型的方式。

（5）明确计算目标 一些特定的参数可以定义为分析目标，在完成分析后用户可以获取这些参数的信息。

（6）运行分析

（7）后处理结果 使用 SOLIDWORKS Flow Simulation 的各种选项来进行结果的后处理。

## 5.3 共轭传热概述

共轭传热包含对流和传导这两种热交换方式。在默认情况下，SOLIDWORKS Flow Simulation 只会考虑流体中对流引起的传热，而不会考虑固体间的热传导，在定义这个仿真时必须勾选该选项。

## 5.4　真实气体

作为对 Navier-Stokes 方程组的补充，Flow Simulation 使用状态方程来求解此类问题。一般情况下，气体都被认定是理想的。这意味着气体的分子大小可以忽略不计。这也使得气体的压力直接与温度相关。

如果气体接近气体到液体相变点或高于临界点（例如成为超临界流体），理想气体的状态方程就不再能够正确描述气体的表现形式（例如 Joule-Thomson 效应），因为增加的分子间作用力会对压力产生影响。这时需要从工程数据库中选择真实气体，并采用对应的真实气体状态方程。

SOLIDWORKS Flow Simulation 允许用户在广泛的参数范围中使用真实气体，这其中包括亚临界和超临界区域。

### 操作步骤

**步骤 1　打开装配体文件**　在 Lesson05 \ Case Study 文件夹下打开文件 "Liquid Cold Plate"。

**步骤 2　新建项目**　使用【向导】，按照表 5-1 的属性新建一个项目。

扫码看视频

117

表 5-1　项目设置

| 选项 | 设　　置 |
| --- | --- |
| 配置名称 | 使用当前的 Default |
| 项目名称 | Conjugate Heat Transfer |
| 单位系统 | SI（m-kg-s）<br>更改【温度】的单位为℃ |
| 分析类型<br>物理特征 | 外部<br>勾选【传导率】复选框<br>勾选【重力】复选框<br>对这个分析而言，选择【Y方向分量】将数值设为 −9.81m/s² |
| 默认流体 | 在【流体】列表的【气体】栏中，双击【空气】，将其添加到项目流体中。<br>同时，添加【真实气体】下的【制冷剂 R-123】<br>取消勾选【制冷剂 R-123（真实气体）】复选框，以确保【默认流体】类型被设置为【空气（气体）】 |
| 默认固体 | 将【默认固体】设置为【金属】列表中的【铝】 |
| 壁面条件 | 默认【粗糙度】设定为【0μm】 |
| 初始条件和环境条件 | 默认值 |

单击【完成】。

**步骤 3　设置初始全局网格**　右键单击【全局网格】并选择【编辑定义】。保持【初始网格的级别】为 3。设置【最小缝隙尺寸】为 0.007874m。单击【确定】。

提示　　　　上面定义的最小缝隙尺寸对应于管子的壁厚。

**步骤 4　设置计算域**　右键单击【输入数据】下的【计算域】，选择【编辑定义】。按照表 5-2 的数值设置计算域的大小。

表 5-2　设置计算域

| 选项 | 大小/m | 选项 | 大小/m |
|---|---|---|---|
| X$_{最大值}$ | 0.5 | Y$_{最小值}$ | −0.10 |
| X$_{最小值}$ | −0.25 | Z$_{最大值}$ | 0.50 |
| Y$_{最大值}$ | 0.25 | Z$_{最小值}$ | −0.25 |

　　模型外围的计算域可能影响到结果，因此必须要设得足够大，尽可能让流动正确发展，并减少模型外围任何梯度的影响。本章指定的这个计算域，设计初衷是尽量最小化求解的 CPU 时间和内存使用量，同时还要保证得到合理的准确结果。

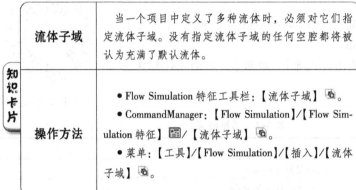

| 知识卡片 | 流体子域 | 当一个项目中定义了多种流体时，必须对它们指定流体子域。没有指定流体子域的任何空腔都将被认为充满了默认流体。 |
|---|---|---|
| | 操作方法 | ● Flow Simulation 特征工具栏：【流体子域】 。<br>● CommandManager：【Flow Simulation】/【Flow Simulation 特征】 /【流体子域】 。<br>● 菜单：【工具】/【Flow Simulation】/【插入】/【流体子域】 。 |

图 5-2　设置流体子域

　　**步骤 5　设置流体子域**　定义【流体子域】。

　　选择充满 R-123 的管道内表面，在【流体类型】下，取消选定【空气（气体）】，选择【制冷剂 R-123（真实气体）】。

　　展开【热动力参数】选项组。在温度（T）中输入 −5℃，如图 5-2 所示。单击【确定】 。

　　**步骤 6　设置入口边界条件**　在 Flow Simulation 分析树中，右键单击【输入数据】下的【边界条件】，选择【插入边界条件】。

　　选择流体端口的内侧表面(参照本章开始的图例)。在【边界条件】属性框，单击【类型】下的【流动开口】，选择【入口质量流量】。在【流动参数】选项组中，输入 0.001kg/s 作为质量流量。在【热动力参数】选项组中，保留默认的入口温度 −5℃。单击【确定】 。

　　**步骤 7　设置出口边界条件**　出口处要指定压力条件，如果不知道出口处的压力，则通常使用环境静压作为通过出口面的边界条件。

　　在 Flow Simulation 分析树中，右键单击【输入数据】下的【边界条件】，选择【插入边界条件】。

　　选择另一个出口端口的内侧表面。在【边界条件】属性框中，单击【类型】下的【压力开口】，选择【静压】。

　　单击【确定】 ，接受默认的压力和温度环境参数。

**步骤 8　指定热源**　在 Flow Simulation 分析树中，右键单击【热源】，选择【插入表面热源】。

选择 Cold Plate 的顶面，在【参数】选项组中，单击【热功耗】并输入 200W，如图 5-3 所示。单击【确定】✔。

**步骤 9　定义工程目标**　在 Flow Simulation 分析树中，右键单击【目标】并选择【插入全局目标】。

在【参数】列表中，勾选【温度（流体）】和【温度（固体）】下的【最大值】的复选框。单击【确定】✔。

**步骤 10　运行这个项目**　请确认已经勾选【加载结果】复选框，单击【运行】。

在拥有 Inter（R）Core（TM）i7 - 7820HQ CPU@ 2.9GHz 的平台上，分析需要计算大约 1min。

**步骤 11　监视求解器**　在【求解器】对话框的【求解器】工具栏中，单击【插入目标图】。

【添加/移除目标】窗口将会出现，勾选【添加全部】复选框。单击【确定】。

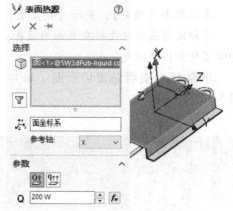

图 5-3　指定热源

119

• 求解器窗口的目标图　在【目标图】窗口中，每个定义的目标都将列于其中。在这里，用户可以观察每个目标的当前数值和图表，还可以看到以百分数显示的完成进度。进度的百分比数值只是一个估计值，一般情况下，进度百分比会随着时间的增加而增大。一旦结果达到收敛，求解器完成计算，则进入下一步继续这个项目。用户也可以关闭【求解器】监视窗口。

**步骤 12　更改显示透明度**　从【工具】/【Flow Simulation】菜单中，选择【结果】/【显示】/【透明度】，设置【模型透明度】为 0.75。

**步骤 13　显示表面图**　右键单击【结果】下的【表面图】，选择【插入】。单击 "Cold Plate" 的顶部曲面，选择【显示】选项组中的【等高线】。选择【温度（固体）】并设定【级别数】为 120。单击【确定】，如图 5-4 所示。

**步骤 14　查看空气质量的切面图**　隐藏表面图，右键单击【结果】下的【切面图】，选择【插入】。

在【剖切平面，平的面或曲线】选项组中选择 "Top" 平面。更改【偏移】的数值为 0.02915m，

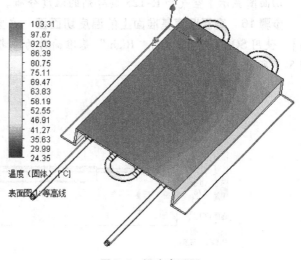

图 5-4　温度表面图

以刚好切到充满制冷剂的管道。选择【质量分量空气】作为图解的参数。

> **提示** 如果没有发现【质量分量空气】，请展开【参数】下拉列表，选择【添加参数】并添加该参数。

再次单击【确定】，关闭【切面图】属性框，如图 5-5 所示。

冷却板周围的空气将会显示为蓝色，代表空气的质量比重为 1。充满 R-123 的液体冷却管不包含任何空气。

**步骤 15 查看温度切面图** 编辑"切面图 1"的参数，将其更改为【温度】，如图 5-6 所示。

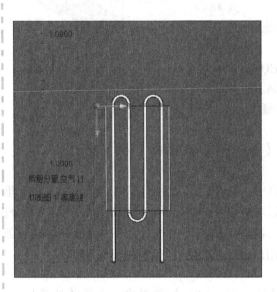

**图 5-5 质量分量空气分布**

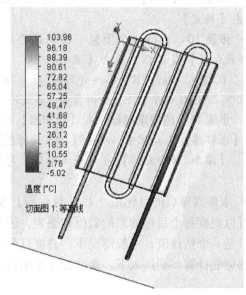

**图 5-6 温度切面图**

切面图显示了空气和 R-123 制冷剂的温度分布。

**步骤 16 查看竖直基准面上的温度切面图** 在竖直的基准面上定义一个新的【切面图】。使用 SOLIDWORKS 的 "Right" 基准面作为参考，并在【偏移】中指定 0.049m，如图 5-7 所示。

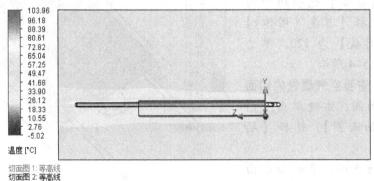

**图 5-7 竖直基准面上的温度切面图**

步骤17 **动画显示切面图** 动画显示前面的切面图，观察当竖直截面切分通过模型时温度的变化情况。

## 5.5 总结

在本章中，对空气中的一块热板进行了一次共轭传热分析。充满 R-123 的管道用于冷却该热板。在仿真中使用真实气体来模拟 R-123，该气体实际上是一种液体。这里我们并没有模拟相变，在有相变的情况下，结果的准确度将受很大影响。最后运用切面图来后处理模型的结果。

### 练习 多流体热交换

在本练习中，需要对一个铜制热交换器运行一次稳态热分析。

本练习将应用以下技术：

- 共轭传热。
- 工程目标。
- 后处理。

**项目描述：**

一个铜制的热交换器用于在空气和水系统之间进行传热。

温度为 450K 的热空气以 0.15kg/s 的流量进入热交换器(图 5-8)；水以 0.1kg/s 的流量从热交换器中通过。

本练习的目的是获取两种介质的温度分布。

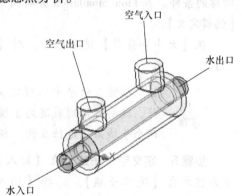

图 5-8 热交换器

## 操作步骤

步骤1 **打开装配体文件** 打开 Lesson05\Exercises 文件夹下的文件 "HX"。

步骤2 **新建项目** 使用【向导】，按照表 5-3 的属性新建一个项目。

表 5-3 项目设置

| 选 项 | 设 置 |
|---|---|
| 配置名称 | 使用当前的 Default |
| 项目名称 | Heat Exchanger |
| 单位系统 | SI( m-kg-s) |
| 分析类型<br>物理特征 | 内部<br>勾选【排除不具备流动条件的腔】复选框<br>勾选【传导率】复选框 |
| 默认流体 | 在【气体】列表中，双击【空气】<br>在【液体】列表中，双击【水】<br>确保【默认流体】类型被设置为【空气(气体)】 |

（续）

| 选　项 | 设　置 |
| --- | --- |
| 默认固体 | 【默认固体】设置为【铜】 |
| 壁面条件 | 在【默认外壁面热条件】列表中选择【绝热壁面】<br>在【粗糙度】一栏,输入【0μm】 |
| 初始条件 | 默认值 |

单击【完成】。

**步骤3　设置初始全局网格**　设置【初始网格的级别】为3。

**步骤4　设置计算域**　由于只需要通过半个模型来查看流动情况,因此在这里将利用对称的条件。在 Flow Simulation 分析树中,右键单击【输入数据】下的【计算域】,选择【编辑定义】。

在【大小和条件】选项组中,对【X 最小值】分别指定 0m 和【对称】。单击【确定】。

> ⚠注意　尽管在向导中已经定义了两种流体,仍然需要告诉 Flow Simulation 软件,这些流体到底流向了模型的什么地方,因此必须创建【流体子域】,这两个子域必须是独立的,相互之间不产生任何混合。

**步骤5　定义空气子域**　在【输入数据】文件夹下右键单击【流体子域】,选择【插入流体子域】。选择外壳入口的内侧表面,如图5-9所示。

请确认勾选了【空气（气体）】复选框。在【热动力参数】选项组中的【温度】中输入450K。单击【确定】。

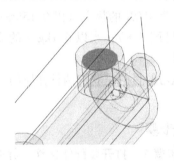

**步骤6　定义水子域**　采用相同的步骤,为【水】定义流体子域。如图 5-10 所示,选择水的入口。不用修改温度和压力,保持这些信息为默认值。

图 5-9　选择内侧表面

**步骤7　指定水的入口边界条件**　对管道入口的内侧表面,在【流动参数】中指定【充分发展流动】,【入口质量流量】为 0.05kg/s 的流动(请记住,此处只利用了一半的对称体,因此总的质量流量为 0.1kg/s),如图 5-11 所示。

将其重命名为 "Water Inlet Mass Flow"。

**步骤8　指定空气的入口边界条件**　对外壳入口的内侧表面,【流动参数】指定为【充分发展流动】,【入口质量流量】指定为 0.075kg/s(同样,由于此处只利用了一半的对称体,因此总的质量流量为 0.15kg/s),如图 5-12 所示。

在【热动力参数】下方,确认【温度】栏中的值为450K,单击【确定】。将这个条件重命名为 "Air Inlet Mass Flow"。

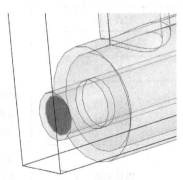

图 5-10　选择水的入口

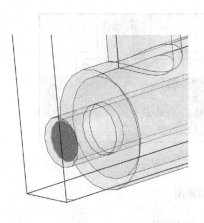 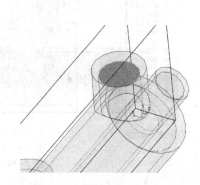

图 5-11    指定水的入口边界条件          图 5-12    指定空气的入口边界条件

**步骤9**   **指定空气和水的出口边界条件**   对两个出口指定【环境压力】的边界条件，【压力】和【温度】分别指定默认的 101325Pa 和 293.2K，如图 5-13 所示。

重命名这两个条件为"Air Outlet"和"Water Outlet"。

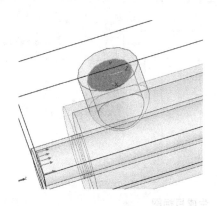 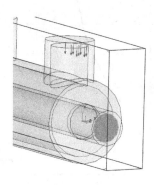

图 5-13    指定空气和水的出口边界条件

**步骤10**   **定义空气的出口表面目标**   使用"Air Outlet"边界条件，定义一个【温度（流体）】（平均值）的表面目标。

**步骤11**   **定义水的出口表面目标**   使用"Water Outlet"边界条件，定义一个【温度（流体）】（平均值、最小值、最大值）的表面目标。

此外，定义一个【质量流量】的表面目标也是一个明智之举。

**步骤12**   **运行这个 SOLIDWORKS Flow Simulation 项目**

**步骤13**   **生成温度切面图**   使用"Right Plane"基准面，生成温度的【等高线】切面图，如图 5-14 所示。

**步骤14**   **查看表面参数**   在水的出口面评估表面参数。

**步骤15**   **生成目标图**   使用流体表面目标的平均出口水温来生成目标图，如图 5-15 所示。

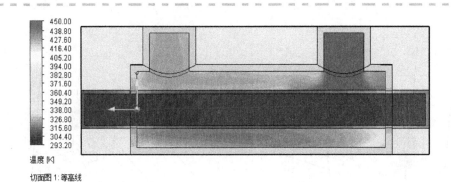

温度 [K]

切面图1:等高线

**图 5-14　生成温度切面图**

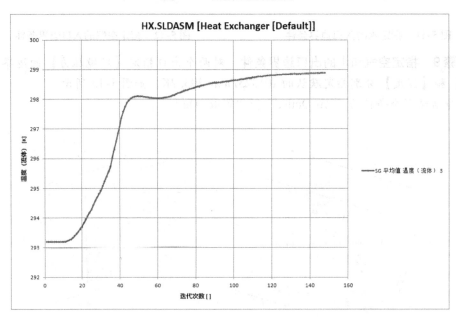

**图 5-15　生成目标图**

# 第6章 EFD 缩放

**学习目标**

- 使用 EFD 缩放求解复杂模型
- 正确应用转移的边界条件

## 6.1 实例分析：电子机箱

在"第3章 热分析"中，对一个电子机箱进行了一次分析。由于对模型进行了简化，才让运算有可能进行，然而也看到其运算的时间仍然是相当长的。此外，还注意到散热器的最高温度可能并不理想，建议对散热器进行重新定位以进行设计变更。

在本章中，将尝试重新配置散热器的位置，来调查其影响。此处不会对整个模型运算两次，而是采用 EFD 缩放技术，更快速地运算这个仿真。

## 6.2 项目描述

本章的目标是将散热器的温度降到最低。为了做到这一点，将研究两种不同的散热器位置，如图 6-1 所示。

在前面的章节中，计算得到的散热器最高温度非常接近许可的最高温度。基于这个原因，需要在散热器区域划分更加细密的网格，以正确求解温度的大小。可以采用局部初始网格轻松地实现这一要求，当然也会牺牲大量的计算时间。此外，为了评估这两种设计，模型将被求解两次，从而进一步增加了计算时间。在本章中，将使用一个全新的方法——EFD 缩放。

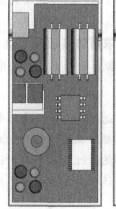 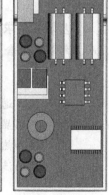

a) 设计A  b) 设计B

**图 6-1  散热器**

## 6.3 EFD 缩放概述

EFD 缩放技术允许用户只关注感兴趣的单个区域，同时还考虑到这个区域周围的流场。可以先采用粗网格快速对整体模型运算一次，以求解贯穿计算域的流场。使用这个整体模型的结果，可以对"放大的"模型应用转移的边界条件，而该模型就是关注的感兴趣的区域。"放大的"模型可以划分更细密的网格，以便在更有价值的区域求解流场和热量分布。

使用 EFD 缩放技术求解这个模型，将首先使用一个通用的虚设实体来替换这个散热器，然后对这个整体模型只求解其流场和温度分布，接着将散热器置换回模型中，之后再创建一个放大的模型，并且将计算域设定为只关注散热器。整个模型的边界条件将转移到放大的模型，现在可以对设计进行变更，而只需重新求解放大的模型。

该项目的关键步骤如下：

（1）插入虚设的散热器　将散热器从模型中移除，用一个简单的块体进行替代。这使得对模型的网格划分更加简单，从而提高求解速度。此外，流场的结果并不会因此而变差，因为散热器的总体形状通过虚设实体仍然保持完好。

（2）求解整个模型　采用虚设的实体求解整个模型。

（3）求解放大的模型　在整体模型中计算得到的边界条件将被用于求解放大的模型。

（4）设计变更　散热器将会被重新定位，放大的模型也将被再次求解。注意，用户无须对整个模型进行重新求解，因为边界条件并没有发生改变。

**操作步骤**

**步骤 1　打开装配体文件**　从 Lesson06\Case Study 文件夹下打开文件"PDES_E_Box_1"。当打开模型时，可能会得到如下警告信息：项目所具有的某些物质在工程数据库中丢失。要添加物质，则单击"添加"。单击【添加全部】。

扫码看视频

确认激活的项目为"Overall"（对应配置为"Dummy heat sink"）。

**步骤 2　查看算例**　事先已经创建好了对应这个配置的流体仿真算例，查看这个算例，发现所有内容都和"第 3 章　热分析"中的一样。唯一的区别就是散热器被一个简单的块体替代了，如图 6-2 所示。

**步骤 3　指定热源**（1）　对虚设的散热器已经指定了一个 3W 的热源，这和真实的热源产生的 3W 是相匹配的。

**步骤 4　求解仿真项目**　这个算例已经求解完毕，而且结果也包含在算例中，加载并查看结果。

图 6-2　算例模型

讨论　通过一个虚设块体替换复杂的散热器，极大地简化了网格和计算，而且不明显降低整体结果的精度。在这个整体模型中，只对贯穿计算域的总体流动和热力性能感兴趣。通过简化外形的块体取代散热器，几乎不会对整个模型的流动和热力性能产生影响。

**步骤 5　生成项目**　激活配置"CFD-1 Fan-a"。
使用【向导】，采用表 6-1 的属性新建一个项目。

表 6-1　项目设置

| 选　项 | 设　置 |
|---|---|
| 配置名称 | 使用当前的"CFD-1 Fan-a" |

（续）

| 选　　项 | 设　　置 |
|---|---|
| 项目名称 | Zooming a |
| 单位系统 | SI（m-kg-s），将【温度】的单位更改为℃ |
| 分析类型 | 内部 |
| 物理特征 | 勾选【传导率】复选框 |
| 默认流体 | 在【流体】列表中，在【气体】下双击【空气】，将其添加到【项目流体】中 |
| 默认固体 | 【默认固体】设置为【玻璃和矿物质】列表中的【绝缘体】 |
| 壁面条件 | 默认【粗糙度】设定为【0μm】 |
| 初始条件 | 默认值 |

单击【完成】。

**步骤6　设置初始全局网格**　设置【初始网格的级别】为3，设置【最小缝隙尺寸】为1.778mm，单击【确定】。

**步骤7　设置计算域**　右键单击【输入数据】下的【计算域】，选择【编辑定义】。

按照表6-2的数值设置计算域的大小，单击【确定】。

表6-2　设置计算域

| 选项 | 大小/m | 选项 | 大小/m |
|---|---|---|---|
| $X_{最大值}$ | −0.03175 | $Y_{最小值}$ | −0.0065 |
| $X_{最小值}$ | −0.08 | $Z_{最大值}$ | 0.1416 |
| $Y_{最大值}$ | 0.0298 | $Z_{最小值}$ | 0.065 |

● EFD 缩放-计算域　对缩放的算例指定一个合适的计算域是相当重要的，必须遵循下面的准则：

1）在放大的域边界中，流体和固体参数要尽可能均匀。

2）放大的域边界不要太靠近目标。

3）在边界上转移的边界条件必须与项目描述保持一致。

在这个模型中，关注的对象只有散热器，因此对计算域也做了相应调整，机箱的顶面、底面、背面和右面的薄壁都已经纳入域中。假定机箱是绝热的而且不会影响到主芯片的温度，因为主芯片在一分为二的气流作用下也是绝热的。没有包含在机箱内的薄壁将使用转移的边界条件。

**步骤8　指定材料**　右键单击【输入数据】下的【固体材料】，选择【插入固体材料】，对"heat sink"指定材料铝。

重复这个步骤，对名为"SPS_PC_Board"的绿色PCB板指定材料PCB-4层。

在【异向性】选项组中的【全局坐标系】中选择Y轴，以指定正确的材料方向。

提示　【传导率】选项是激活的，因此必须定义材料属性，而且，为了保证边界条件能够正确转移，这些材料的属性应该跟整体模型中指定的相同。

<table>
<tr><td rowspan="2">知识卡片</td><td>调入<br>边界条件</td><td>【调入边界条件】可以让用户只关注模型中指定区域的仿真。仿真将借用之前计算得到的结果作为当前仿真的边界条件。【调入边界条件】包含三个操作步骤：<br>1. 选择边界<br>用户选择当前项目的边界，用于转移之前项目的计算结果（例如 X 最大值、X 最小值等）。<br>2. 选择移动的结果<br>用户选择其结果将移动到当前仿真的项目。<br>3. 指定条件类型<br>用户选择将被移动的流场参数。</td></tr>
<tr><td>操作方法</td><td>• 菜单：【工具】/【Flow Simulation】/【插入】/【调入边界条件】。<br>• 快捷菜单：在 Flow Simulation 分析树中，右键单击【调入边界条件】并选择【插入调入边界条件】。<br>• CommandManager：【Flow Simulation】/【Flow Simulation 特征】📇/【调入边界条件】🏖️。</td></tr>
</table>

提示👆 在 Flow Simulation 分析树中，右键单击算例并选择【自定义树】，然后选择【调入边界条件】。这将会在 Flow Simulation 分析树中创建一个调入边界条件条目。

**步骤9 调入边界条件** 从【工具】/【Flow Simulation】菜单中，选择【插入】/【调入边界条件】。

从【计算域边界】列表中选择【X 轴负方向边界】，单击【添加】。重复这一步骤，添加【Z 轴负方向边界】。

单击【下一步】，选择【Flow Simulation 项目】并单击【浏览】。从列表中选择项目"overall"并单击【确定】，单击【下一步】。

在【边界条件类型】中选择【环境】，单击【完成】。

提示👆 由于整体模型和放大模型都会用到固体中的热传导，因此固体的温度将从整体模型中获取，然后转移到放大模型中，作为【调入边界条件】的一部分。而且，因为选用的类型为【环境】，和外部流动分析中的环境条件一样，整体模型边界上的条件将以同样的方式转移到放大模型中。

**步骤10 指定热源**（2） 在 Flow Simulation 分析树中，右键单击【热源】，选择【插入体积源】。

选择零件"heat sink"，在【热功耗】中输入 3W，单击【确定】。

**步骤11 定义工程目标**(体积目标) 在 Flow Simulation 分析树中右键单击【目标】，选择【插入体积目标】。

在【体积目标】属性框中，找到【参数】列表中的【温度（固体）】。勾选【最大值】复选框。在 FeatureManager 设计树中，选择"heat sink"以更新【可应用体目标的组件】列表。单击【确定】。

技巧🔑 先不急于运行这个项目，而是通过变更设计来新建一个项目，然后使用【批处理运行】来同时运行这两个项目。

**步骤12 克隆项目** 右键单击 Flow Simulation 分析树中的项目名称，选择【克隆项目】。

在【项目名称】中输入 "Zooming b"。在【配置】选项组中选择【选择】，并勾选【CFD-1 Fan-b】复选框。保持【复制结果】复选框为未勾选的状态，如图 6-3 所示。单击【确定】✓。

用户可能会看到两条关于几何结构和计算域的警告信息。单击【否】跳过这些信息。为了比较两个模型，将对两个仿真采用相同的计算域和网格设置。

这将生成一个新的项目 "Zooming b"，对应配置 "CDF-1 Fan-b"。所有先前项目的设置都将复制到新项目中。

图 6-3 克隆项目

| 知识卡片 | 批处理运行 | 用户可以使用【批处理运行】来求解一系列的项目，并可以指定计算是按照一定的顺序进行还是同时进行。 |
|---|---|---|
| | 操作方法 | •菜单：【工具】/【Flow Simulation】/【求解】/【批处理运行】。 |

**步骤13 批处理运行** 从【工具】/【Flow Simulation】菜单中，选择【求解】/【批处理运行】。

勾选 "CFD-1 Fan-a" 和 "CFD-1 Fan-b" 两个项目的【求解】复选框，如图 6-4 所示。

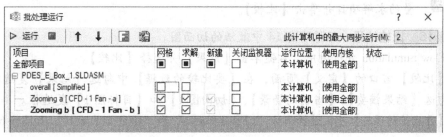

图 6-4 批处理运行

单击【运行】。

> **提示** 用户还可以调整求解的顺序，或同时进行求解，其前提条件是拥有可用的处理器。如果选择同时求解三个项目，则必须首先求解 overall 模型，因为其他两个项目需要使用其结果作为【调入边界条件】。如果计算机拥有更多处理器和足够内存，最快的方法是将一半数量的 CPU 分配给每个项目，对两个项目同步求解。

129

**步骤14 生成切面图** 激活项目"Zooming a"（配置"CFD-1 Fan-a"），加载结果。

在 Flow Simulation 分析树中，右键单击【结果】下的【切面图】，选择【插入】。

在【剖切平面、平的面或曲线】中选择"Top Plane"基准面，指定【偏移】的数值为5mm。在【显示】选项组中，选择【等高线】。选择【温度】并将【级别数】增至100。单击【确定】，关闭【切面图】属性框，如图6-5所示。

**步骤15 生成目标图** 对步骤11中定义的体积目标生成最高温度的目标图。

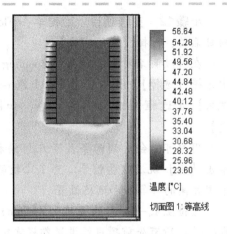

图6-5 温度切面图

| 知识卡片 | 比较配置模式 | 为了提高用户比较各种设计并做出最有效的设计变更决定的能力，SOLIDWORKS Flow Simulation 允许用户方便地比较各种项目的结果。用户可以比较当前的场景（结果图解）、目标或点、面、体参数。比较的结果可以通过图像和数字的格式呈现。<br><br>使用【比较】工具，用户可以合并来自不同项目的图以在一张图像中查看关键结果。此外，还可以创建差异图像，以显示一个特定案例与参考案例的差异。 |
|---|---|---|
| | 操作方法 | • 快捷菜单：在 Flow Simulation 分析树中，右键单击【结果】并选择【比较】。<br>• CommandManager：【Flow Simulation】/【结果】/【比较】 。<br>• 菜单：【工具】/【Flow Simulation】/【结果】/【比较】。 |

**提示** 选择结果摘要、当前的场景、目标或任何定义的参数，然后选择任意数量的求解项目并单击【比较】。

**步骤16 比较结果** 保持步骤14中激活的切面图。

在 Flow Simulation 分析树中，右键单击【结果】并选择【比较】。

在【比较】窗口的【定义】页面，在【要比较的数据】中勾选【结果】复选框，这将自动勾选【结果摘要】、【当前的场景】、【切面图1】和【目标图1】复选框。

在【要比较的项目】中，选择项目"CFD-1 Fan-a"和"CFD-1-Fan-b"，如图6-6所示。

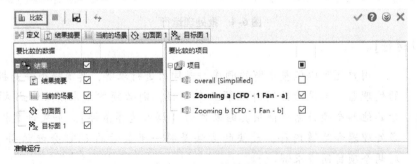

图6-6 比较结果

单击【比较】。

**步骤 17　当前的场景比较**　切换到【当前的场景】页面，通过比较，可以看出两个散热器配置的差别是很小的，如图 6-7 所示。

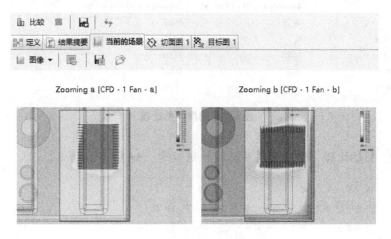

图 6-7　比较当前的场景

> 提示　如果想要放大两幅图中的任意一幅，只需在其上面进行双击。此外，在比较小部件时使用的当前的场景（结果图解）不需要在其他项目中定义。Flow Simulation 将自动地为所选的项目创建当前的场景。

**步骤 18　切面图比较**　切换到【切面图 1】选项卡，在【模式】内选择【差异】，如图 6-8 所示。右侧的切面图图像是一个差异图，显示了"Zooming b"算例的【切面图 1】和"Zooming a"算例的【切面图 1】之间的差异。比较结果显示两个算例中散热器周围的温度变化很小。

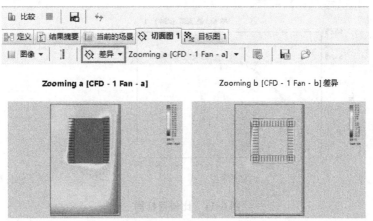

图 6-8　切面图比较

**步骤 19　结果摘要比较**　切换到【结果摘要】选项卡，如图 6-9 所示。结果显示"Zooming b"算例比"Zooming a"算例需要更少的时间来求解。在【结果摘要】选项卡中向下滚动，结果显示两个算例中的固体最高温度几乎相同。

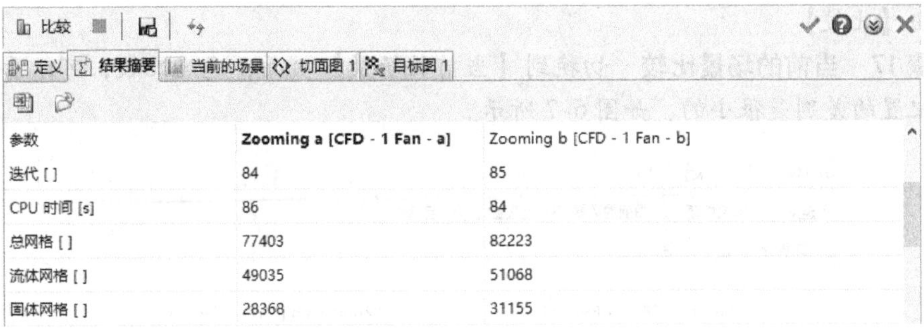

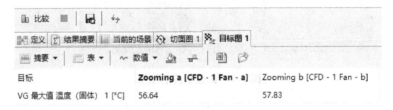

图 6-9    结果摘要比较

**步骤 20    目标比较**    切换到【目标图】选项卡，如图 6-10 所示。

| 目标 | Zooming a [CFD - 1 Fan - a] | Zooming b [CFD - 1 Fan - b] |
|---|---|---|
| VG 最大值 温度（固体） 1 [°C] | 56.64 | 57.83 |

图 6-10    切换页面

通过数值比较，可以看出两个配置有非常接近的温度最大值。

单击【历史记录】，显示所选的两个项目的目标图像比较。注意到图像显示的温度最大值几乎相同，如图 6-11 所示。

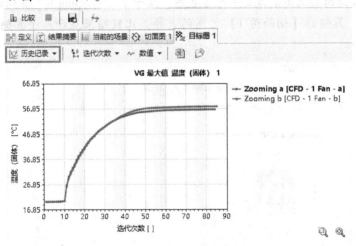

图 6-11    比较目标图

提示    用户还可以通过附加选项更改横坐标、显示的数值，并将数据导出到 Excel 中。

单击【确定】以关闭比较配置窗口。

**步骤 21    保存并关闭该零件**

132

## 6.4　总结

结果显示，两个配置之间的差别微乎其微。在问题设置之初，其差别本来就不明显。

使用 EFD 缩放技术简化了整体模型，使得运算更快。代替散热器的块体对于求解模型的整体流场而言，是一个非常好的方法。接着散热器被置换回放大的模型中，而且边界条件也转移到放大的计算域边界。另外还明确了对放大的模型定义计算域的严格准则，而且必须尽可能地严格遵守。

EFD 缩放技术允许快速分析两个设计，并对固体周围的温度分布做出更好的评估。另外还使用了【批处理运行】同时运算多个项目。

使用比较配置模式，可以方便地后处理两个项目的结果。这种模式允许同时显示结果图解、目标和参数，更容易地对设计做出必要的判断。

# 第7章 多孔介质

**学习目标**
- 使用多孔介质选项生成一个流体分析
- 创建关联的目标
- 使用组件控制命令
- 评价速度分布

## 7.1 实例分析：催化转换器

本章将使用 Flow Simulation 的多孔介质功能，分析通过催化转换器的流动，在流场中利用虚设实体来加载工程目标。还会对比两种不同的多孔设计，并通过穿越模型截面的流场的发展来评价它们的性能。

## 7.2 项目描述

从发动机释放出来的气体在燃烧过程中通常含有污染物，因此在排放到大气之前需要进行处理。催化转换器就是用来降低排放气体污染的一种设备。

气体进入排气管（图 7-1）时的流动速度为 12m/s，温度为 600℃。气体流过排气管并进入包含催化体的催化转换器。由堇青石制作的催化体涂有一层催化剂，它会与有毒气体发生化学反应，从而转换气体的特性。这个含有庞大表面积的大型催化体可以与气体尽可能地发生化学反应，然而这也会限制排放气体的流动。此外，均匀地流动进入催化体将最有效地利用转换器，因为整个催化体都会起到相同的作用。

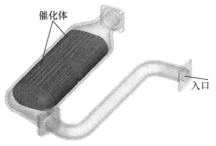

图 7-1 排气管

之所以使用 Flow Simulation 的多孔介质功能来模拟催化体，是因为堇青石催化体的几何造型非常复杂。在本章中，将使用两个不同种类的多孔介质，并分析哪一种最适合这个应用。此外还将考虑多孔介质的热特性，并计算产生的温度场。

该项目的关键步骤如下：
（1）新建项目　使用【向导】建立一个内部流动分析。
（2）应用边界条件　定义流体从外壳流进和流出的条件。
（3）定义多孔介质　定义多孔介质的属性，同时禁用被定义为多孔介质的实体。
（4）明确计算目标　定义的计算目标将用于评估最终结果。
（5）运行分析
（6）后处理结果　使用 SOLIDWORKS Flow Simulation 的各种选项对结果进行后处理。

## 操作步骤

**步骤1 打开装配体文件** 打开 Lesson07 \ Case Study 文件夹下的文件 "Catalyst"。

**步骤2 创建项目** 使用【向导】，按照表 7-1 的设置新建一个项目。

扫码看视频

表 7-1 项目设置

| 选项 | 设置 |
|---|---|
| 配置名称 | 使用当前的 Default |
| 项目名称 | Isotropic |
| 单位系统 | SI(m-kg-s)，将【温度】的单位更改为℃ |
| 分析类型 | 内部 |
| 物理特征 | 勾选【传导率】复选框 |
| 默认流体 | 在【气体】列表中双击【空气】 |
| 默认固体 | 设置为【合金】列表下的【不锈钢 321】 |
| 壁面条件 | 在【默认外壁面热条件】列表中选择【热交换系数】，在【热交换系数】中输入 20W/(m² · K)，在【外部流体的温度】中输入 20℃<br>设定【粗糙度】为【0μm】 |
| 初始条件 | 默认值 |

单击【完成】。

**步骤3 设置初始全局网格** 设置【初始网格的级别】为 4。

● **关联的目标** 使用【边界条件】对话框，可以将目标应用于边界条件的参考面或实体。该目标与边界条件相关联，对边界条件参考的更新会传递到关联的目标，删除边界条件也会删除与之关联的目标。

**步骤4 插入边界条件和关联目标** 在 Flow Simulation 分析树中，右键单击【输入数据】下的【边界条件】，选择【插入边界条件】。

在入口封盖的内侧表面应用 12m/s 的【入口速度】。展开【目标】选项组，在【参数】中勾选【总压 平均值】复选框（默认情况下也将勾选【用于控制目标收敛】复选框）。

勾选【创建关联的目标】复选框。单击【确定】以保存入口边界条件，如图 7-2 所示。

相关联的表面目标 "SG 入口速度 1 总压平均值" 已自动创建，该目标与边界条件入口速度直接相关联。将关联目标重新命名为 "入口总压"。

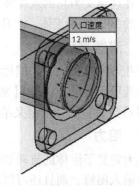

图 7-2 插入边界条件（1）

 提示

单击【设为默认】将激活任何新的入口速度边界条件与平均总压力表面目标之间的链接，如图 7-3 所示。每当定义新的入口边界条件时，也会自动创建相关联的平均总压力表面目标。从项目中删除边界条件时也会自动删除相关联的目标。

135

**步骤5　插入边界条件**　在 Flow Simulation 分析树中，右键单击【输入数据】下的【边界条件】，选择【插入边界条件】。

在转换器实体另一端，选择管道的内侧表面，如图7-4所示。

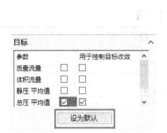
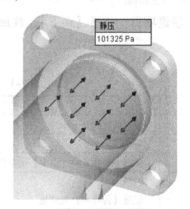

图 7-3　【设为默认】命令　　　图 7-4　插入边界条件（2）

单击【类型】选项组中的【压力开口】并选择【静压】。

单击【确定】，接受默认的环境参数。

# 7.3　多孔介质概述

SOLIDWORKS Flow Simulation 可以将某些实体视为对流体流动具有一定阻碍的多孔介质。Flow Simulation 的【工程数据库】含有多种材料，并预先定义了材料多孔性属性，用户也可以自己定义多孔性属性。

## 7.3.1　多孔性

多孔性定义为总的流体体积与整个多孔介质的体积之间的比率，因此数值0.5也就意味着多孔介质的50%都是流体。多孔性可以在多孔介质的通道中调控流动速度。

## 7.3.2　渗透类型

多孔筛被定义为各向同性的，也就是说介质在各个方向的多孔性都是一样的。【渗透类型】的其他选项还有【单向】、【轴对称】和【正交各向异性】。与定义弹性和热力属性类似，可以在【渗透类型】属性下定义给定方向的阻力。

## 7.3.3　阻力

阻力定义了流体的流动如何在多孔介质中受到阻碍。这可以定义为相对于压降、流量或模型尺寸的输入图解，而且还可以相对于速度进行定义。由于阻力是多孔实体的一个属性，因此需要提前定义好这个参数。

## 7.3.4　矩阵和流体热交换

如果对多孔介质中的热传递感兴趣，则必须在工程数据库中指定其热特性。这可以通过指定【体积热交换系数（$W/m^3/K$）】或【热交换系数（$W/m^2/K$）】以及相应的【比面积（$1/m$）】来进行定义。

## 7.3.5　比面积

比面积表示多孔介质每单位体积内的多孔介质孔的表面积（$1/m$）。在催化转化器中，目标是实现尽可能高的比面积,以最大限度地提高单位体积化学反应的效率。

**步骤6 定义多孔介质**(1) 首先,必须在【工程数据库】中定义多孔介质的属性。在【工具】/【Flow Simulation】菜单中,选择【工具】/【工程数据库】。

展开【多孔介质】文件夹,右键单击【用户定义】并选择【新建项目】。单击【项目属性】选项卡,在【名称】中输入"Isotropic"。在【多孔性】中输入 0.5。对于【渗透类型】属性,确认选择了【各向同性】。在【热阻计算公式】属性中,单击数值区域并选择【速度相关性】。

> **提示** 在本实例中,介质的流动阻力(或渗透性)会随着流动的速度而变化。定义这个参数的方程式为 $k = (A \times V + B)/r$(与指定的速度相关)。式中,$V$ 为流体速度;$r$ 为流体密度;$A$ 和 $B$ 为常数。用户只需指定 $A$($kg/m^4$)和 $B$ [$kg/(s \cdot m^3)$]($V$ 和 $r$ 需要计算求得)。通常情况下,可以从多孔介质的制造商处获取这些数值。

在【A】中输入 $57kg/m^4$。在【B】中输入 0。

勾选【多孔矩阵的热导率】复选框。在【多孔矩阵的密度】中输入 $2600kg/m^3$。在【多孔矩阵的比热容】中输入 $1465J/(kg \cdot K)$。保持【传导类型】为【各向同性】。在【热导率】中输入 $4W/(m \cdot K)$。在【熔点温度】中输入 2500K。在【矩阵和流体热交换的定义标准】中选择【热交换系数,比面积】。在【热交换系数】中输入 $450W/m^2/K$。在【比面积】中输入 3600 1/m,如图 7-5 所示。

137

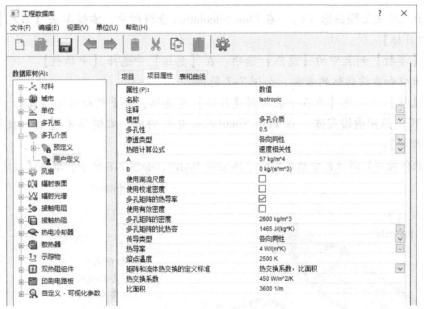

**图7-5 定义多孔介质**

单击【文件】/【保存】。单击【文件】/【退出】。

**步骤7 自定义 Flow Simulation 分析树** 在 Flow Simulation 分析树中,右键单击算例 "Isotropic" 并选择【自定义树】。

单击【多孔介质】,单击图形区,完成对 Flow Simulation 分析树的定制。

**步骤8  设置多孔条件**（1）  在 Flow Simulation 分析树中，右键单击【多孔介质】，选择【插入多孔介质】。在【选择】选项组中选择两个"Monolith"零件。在【多孔介质】选项组中，展开【用户定义】文件夹并选择前面步骤创建完成的多孔介质"Isotropic"。单击【确定】，关闭【多孔介质】窗口。

将多孔介质重命名为"Isotropic"。

## 7.3.6  虚设实体

多数时候，在没有 SOLIDWORKS 实体可供选择的情况下，用户有可能想对模型中的特定区域设定目标。如果没有实体，则在创建目标时就没有参考可选。在这种情况下，用户可以使用虚设的 SOLIDWORKS 实体来替代这些区域的实体。如果使用了这种技术，则千万不要忘记使用【组件控制】来禁用流动中的这个实体，否则该实体会影响流场。

在本模型中，用户可能对进入催化转换器的流动感兴趣。如果采用上述方法，就可以计算入口到转换器的压降，而且还可以计算转换器自身的压降。下面将在转换器的入口创建虚设实体，以定义这个位置的目标，如图 7-6 所示。

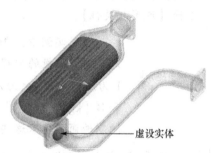

图 7-6  虚设实体

**步骤9  定义工程目标**（1）  在 Flow Simulation 分析树中，右键单击【目标】并选择【插入表面目标】。

找到【参数】列表中的【总压】选项。在【总压】中选择【平均值】。

选择出口和虚设实体的表面，如图 7-7 所示。

在【选择】下勾选【为各个表面创建目标】复选框，并重新命名这些目标。

**步骤10  禁用虚设实体**  在 Flow Simulation 分析树中，右键单击【输入数据】并选择【组件控制】。

在【组件控制】属性框中禁用零件"Dummy Body"，如图 7-8 所示。单击【确定】✓。

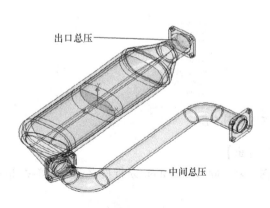

图 7-7  定义工程目标

图 7-8  禁用虚设实体

SOLIDWORKS Flow Simulation 将禁用的零部件视为流体区域，而且该区域充满的是默认的初始条件中定义的流体。

> 提示    两个"Monolith"零件也应当被禁用，当它们被定义为多孔介质时，这都是默认设置的。

**步骤11 定义工程目标**（2） 在 Flow Simulation 分析树中，右键单击【目标】并选择【插入方程目标】。

选择目标"入口总压"，然后单击"-"，之后再选择目标"中间总压"。

单击【确定】。将该目标重新命名为"Pipe Drop"。

**步骤12 定义工程目标**（3） 重复上述步骤，对通过催化转换器的压降定义一个目标。将该目标重新命名为"Converter Drop"。

**步骤13 运行项目**（1） 请确认勾选了【加载结果】复选框，单击【运行】。

**步骤14 生成速度切面图** 在 Flow Simulation 分析树中，右键单击【结果】下的【切面图】，选择【插入】。

在【剖面或平面】选项组中选择"Plane2"。在【显示】选项组中单击【等高线】。选择【速度】，并将【级别数】提高到100。单击【确定】，如图7-9所示。

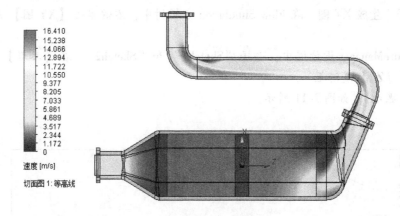

速度 [m/s]
切面图 1: 等高线

**图7-9 生成速度切面图**

查看结果后，请隐藏这个切面图。

**步骤15 生成速度流动迹线** 在 Flow Simulation 分析树中，右键单击【结果】下的【流动迹线】并选择【插入】。单击 Flow Simulation 分析树选项卡，在【边界条件】下方单击"入口速度1"作为参考。在【外观】中，单击【静态迹线】并选择【带箭头的线】。

将【点数】增加到60，然后单击【确定】，如图7-10所示。

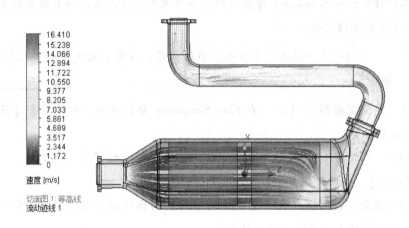

图 7-10    生成速度流动迹线

讨论？    从这两幅图解中可以很清楚地看到，大部分流体从一端流入涂有催化剂的催化体。在流动迹线图解中甚至能够看到部分回流。当流入催化体时，因为流动被催化体的多孔介质阻碍而停滞下来，流动演变得非常迅速。当流体流动到出口时，流动看上去已经充分发展了。可以使用 XY 图来验证这一点。

**步骤 16    生成 XY 图**    在 Flow Simulation 分析树中，右键单击【XY 图】并选择【插入】。

在 FeatureManager 设计树中，选择"Sketch1"和"Sketch2"。在【参数】选项组中，勾选【速度（Z）】复选框。

单击【显示】，如图 7-11 所示。

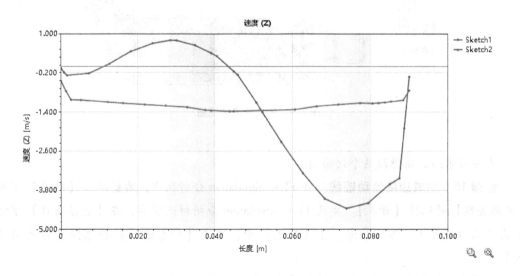

图 7-11    生成 XY 图

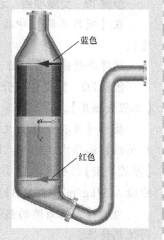

讨论?

如图 7-12 所示，图中的红线表示在催化体入口处 X 方向的 Z 向速度分布。蓝线则表示的是出口处的情况。和预测的一样，当流体流动到出口时，流动已经充分发展了。

观察入口区域也可以确认多数流体都流过了催化体的远端。如此多的流体通过这一侧进入，甚至存在从相对侧的第一段催化体流出的回流。可以清楚地看到这一点，是因为那一侧的速度为正数，而不是负数。

图 7-12　流体流动情况

步骤 17　**生成温度切面图**　克隆在步骤 14 中创建的切面图，将新的切面图更改为【温度（流体）】，重新调整图的最大值和最小值。单击【确定】，结果如图 7-13 所示。当废气排放到环境中时，废气的温度会显著下降。

步骤 18　**生成温度表面图**　为所有的内表面定义一个【温度（流体）】

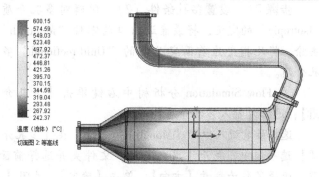

图 7-13　生成温度切面图

的表面图，将【级别数】设置为 100，结果如图 7-14 所示。与管道接触的废气出口温度会低一些，降至 131℃ 左右。

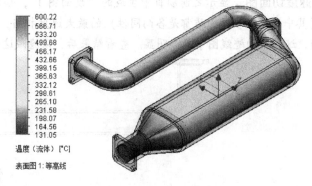

图 7-14　生成温度表面图

## 7.4　设计变更

随着所有速度矢量线都从一端流入催化体，转换器在这一端的磨损也更严重。修正该问题的一个实用措施就是更改入口的几何形状。然而在多数时候，转换器必须匹配一个狭窄的空间，这使得更改几何体通常无法进行。对本例而言，将尝试使用不同类型的多孔介质。

**步骤19　克隆项目**　右键单击 Flow Simulation 分析树中的项目名称，选择【克隆项目】。在【项目名称】中输入"Uni-Iso"，在【配置】中选择【使用当前值】，单击【确定】。

这将会新建一个项目，对应配置"Default"。先前项目的所有设置都将被复制进来。

**步骤20　定义多孔介质**（2）　从【工具】/【Flow Simulation】菜单中，选择【工具】/【工程数据库】。

展开【多孔介质】文件夹，右键单击【用户定义】并选择【新建项目】。单击【项目属性】选项卡，输入"Unidirectional"作为【名称】。在【多孔性】中输入 0.5。对于【渗透类型】，确认选择了【单向】。在【热阻计算公式】中选择【速度相关性】。在【A】中输入 $57 \mathrm{kg/m^4}$。在【B】中输入 0。

勾选【多孔矩阵的热导率】复选框，并按照步骤6中的操作定义多孔介质相同的各向同性热特性。

单击【文件】/【保存】。单击【文件】/【退出】。

**步骤21　设置多孔条件**（2）　编辑对多孔介质"Isotropic"的定义，将最靠近出口的零件"Monolith"去除。将此指定为前面定义好的"Unidirectional"多孔介质。

在 Flow Simulation 分析树中右键单击【多孔介质】，选择【插入多孔介质】。

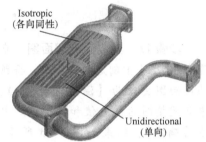

图7-15　设置多孔条件

选择最靠近入口的"Monolith"零件。在【多孔介质】选项组中，展开【用户定义】文件夹并选择前面定义好的"Unidirectional"多孔介质。选择 Z 作为参考【方向】。单击【确定】，关闭【多孔介质】属性框。

将多孔介质重命名为"Unidirectional"，如图 7-15 所示。

**步骤22　运行项目**（2）　请确认勾选了【加载结果】复选框，单击【运行】。

**步骤23　查看速度切面图**　显示之前项目中生成的"切面图 1"，如图 7-16 所示。最大速度与前一个项目（其中的两个多孔介质都是各向同性）的最大速度相当，然而多孔介质中的流场分布却大不相同，这在流动迹线图中更加明显。查看结果后，请隐藏这个切面图。

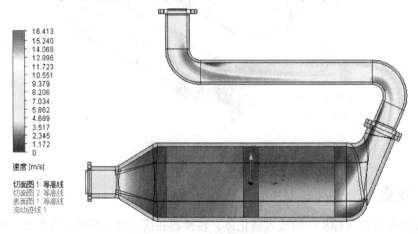

图7-16　查看速度切面图

步骤24　**查看速度流动迹线**　显示之前项目中生成的"流动迹线1"，如图7-17所示。可以清楚地看到，第一个单向多孔介质的存在对速度场有显著的影响。

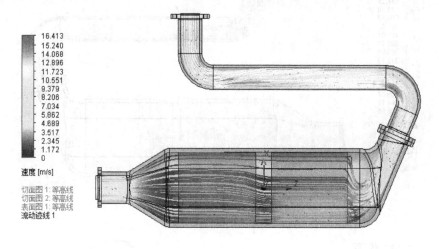

图7-17　查看速度流动迹线

步骤25　**查看速度 XY 图**　编辑定义之前项目中生成的"XY 图 1"。单击【显示】，如图7-18所示。第一个多孔介质入口处的速度变化比第一种情况更加均匀。

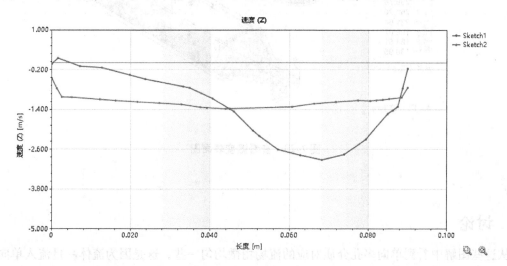

图7-18　查看速度 XY 图

步骤26　**查看温度切面图**　显示之前项目中生成的"切面图2"，如图7-19所示。温度值和分布与前一种情况（两个"Monolith"都被赋予了各向同性的多孔特性）基本一致。

步骤27　**查看温度表面图**　显示之前项目中生成的所有内表面的【温度（流体）】的"表面图1"，如图7-20所示。对于多孔介质类型的两种变化，与管道接触的废气出口温度也几乎相同。

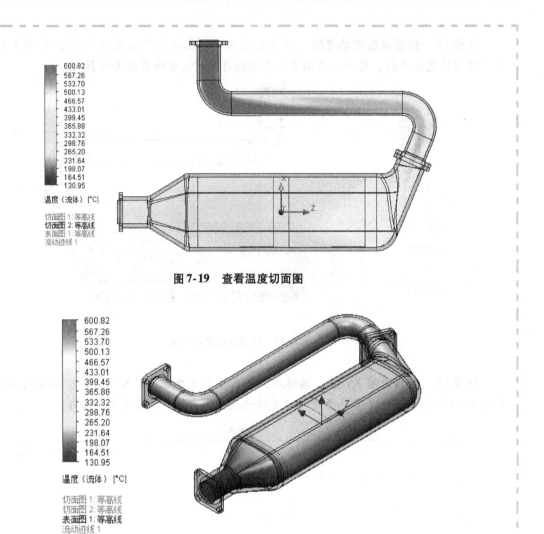

图 7-19　查看温度切面图

图 7-20　查看温度表面图

## 7.5　讨论

　　从这些图解中看到单向多孔介质对应的流场稍微均匀一些，这是因为流体一旦流入单向介质后，就只能沿一个方向流动，这有助于让催化剂更持久一些。

　　另一种评估转换器性能的方法是对比流过催化体所需要的时间。耗费时间越长，则催化剂就有更多的机会与流体发生化学反应，从而去除有毒物质。

　　可以通过采用相同的比例显示两个算例中的 Z 向速度来进行评估，如图 7-21 所示。流过单向介质的流动是均匀且低速的，流过各向同性介质的流动则显得步调不一致，而且在第一个介质的末端甚至会达到更低的速度。

　　这是因为在各向同性介质中的流动可以朝各个方向进行，而且相比单向介质而言，可以明显实现降低流速的效果。

　　此外，还可以观察到多孔介质的两种配置产生了可比较的温度场。

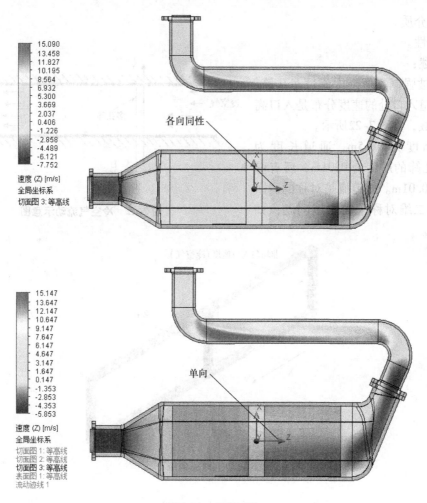

**图7-21　结果对比**

## 7.6　总结

对催化转换器的应用而言，单向和各向同性多孔介质各有其优点。单向介质会强制速度分布得更加均匀，从而使得转换器的磨损也更均匀。各向同性介质允许气体扩散得更加自由，从而导致流动速度更低，这样转换器可以让催化剂有更多的时间接触气体，提高了转换效率。也许采用较短的单向介质来产生更为均匀的流域是一个最佳的设计；然后再加装一种较长的各向同性介质，进一步促进气体的扩散以产生更多的化学反应。

可以看到，不均匀来流会发生在转换器靠近入口的一端，这对转换器效率是非常不利的。如果可以重新设计，其中一种可能的方法就是在流体接触到第一个多孔介质时，保证迎合入口来流的流动是均匀的。

多孔介质也包括了热特性，以便在模拟中包含热行为。多孔介质的两种配置都产生了相似的温度场。

### 练习　通道流

在本练习中，将利用多孔介质的功能，分析通过一个带有筛孔的管道的流动。在指定入口边界条件时，将使用一个变化的速度分布。

本练习将应用以下技术：

- 多孔介质。
- 多孔性。

**项目描述：**

冷空气被强制在通道中流过多孔筛。冷空气在通道入口处的速度分布是入口高度的一个函数，如图7-22所示。

通道高度为 0.15m，通道长度为 0.65m，多孔筛的厚度为 0.01m，所有壁面的厚度为 0.01m。通道流是对称的，因此可以使用二维对称来简化该问题，如图7-23所示。

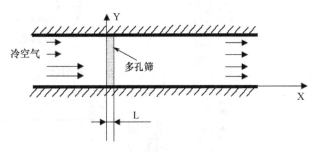

图7-22   冷空气流动示意图

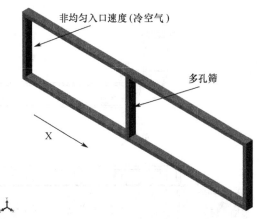

图7-23   简化模型

## 操作步骤

**步骤1  打开装配体文件**  从 Lesson07 \ Exercises 文件夹打开文件 "channel assembly"。

**步骤2  新建项目**  使用【向导】，按照表7-2的设置新建一个项目。

表7-2   项目设置

| 选  项 | 设  置 |
|---|---|
| 配置名称 | 使用当前的 Default |
| 项目名称 | Porous |
| 单位系统 | SI（m-kg-s） |
| 分析类型 | 内部 |
| 物理特征 | 无 |
| 默认流体 | 在【气体】列表中双击【空气】 |
| 壁面条件 | 在【默认壁面热条件】列表中选择【绝热壁面】<br>设定【粗糙度】为【0μm】 |
| 初始条件 | 默认值 |

单击【完成】。

可能会弹出以下消息：

"流体体积识别因模型当前并非水密而失败。内部任务必须具有密封的内部体积。您需要关闭开口和孔眼以使内部体积密封。

　　　您可以使用'创建盖'工具关闭开口。是否要打开'创建盖'工具？"

　　　单击【否】。仿真将以 2D 的方式运行，因此无须对模型的开口使用封盖进行封闭。

● 非均匀入口速度　需要指定流体流入和流出系统的边界条件，边界条件可以设定为压力、质量流量、体积流量或速度。本练习将包含一个变化的入口速度分布，如图 7-24 所示。

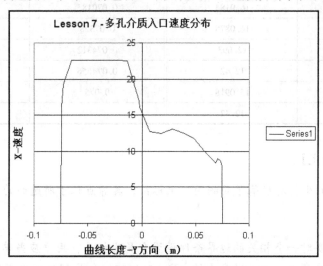

图 7-24　入口速度分布

　　　**步骤 3　设置初始全局网格**　设置【初始网格的级别】为 5。

　　　**步骤 4　设置计算域为 2D**　在 Flow Simulation 分析树中，右键单击【输入数据】下的【计算域】，选择【编辑定义】。

　　　在【类型】选项组中，指定在【XY 平面】的【2D 模拟】流动，单击【确定】。

　　　**步骤 5　生成变化的入口速度**　在 Flow Simulation 分析树中，右键单击【输入数据】下的【边界条件】，选择【插入边界条件】。

　　　选择表示入口的 SOLIDWORKS 特征的内侧表面，如图 7-25 所示。单击【类型】下的【流动开口】。在【类型】下选择【入口速度】。单击【流动参数】下的【垂直于面】。单击【相关性】 ![fx] 。在【相关性】窗口的【相关性类型】列表中选择【F(y)-表】。

图 7-25　选择内侧表面

　　　打开存放在 Lesson07 文件夹下的文件 "X-Velocity-faced based.xls"。用户可以将表格中的数值复制到设计窗口（使用 <Ctrl + C> 和 <Ctrl + V> 进行复制操作）。当然，也可以手工输入表 7-3 中的数值。

表 7-3　F(y)-表设置

| 基于面的 Y 向/m | X 速度/(m/s) | 基于面的 Y 向/m | X 速度/(m/s) |
|---|---|---|---|
| − 0.075 | 0 | − 0.0653871 | 22.6 |
| − 0.074333333 | 16.0341 | − 0.0540323 | 22.6 |
| − 0.072612 9 | 19.2855 | − 0.0433656 | 22.6 |

（续）

| 基于面的 Y 向/m | X 速度/(m/s) | 基于面的 Y 向/m | X 速度/(m/s) |
|---|---|---|---|
| −0.0326989 | 22.6 | 0.048505 | 11.7826 |
| −0.0227204 | 22.6 | 0.058484 | 9.97044 |
| −0.0134301 | 22.562 | 0.068462 | 8.38286 |
| −0.0027634 | 16.9184 | 0.070183 | 8.97531 |
| −0.0020753 | 16.0875 | 0.07328 | 8.68414 |
| 0.0072151 | 12.693 | 0.074312 | 7.96345 |
| 0.0175376 | 12.42 | 0.074656 | 7.17069 |
| 0.028204 | 13.0918 | 0.075 | 0 |
| 0.039559 | 12.42 | | |

单击两次【确定】。

 提示　Y 坐标对应基于面的局部坐标系，其原点位于所选面的中心。

技巧　要对一个相关的边界条件设置全局坐标系，用户应当单击已经设置好的坐标系窗口，并按键盘上的 < Delete > 键。和局部坐标系不同的是，全局坐标系会自动显现。

**步骤 6　设置出口边界条件**　在 Flow Simulation 分析树中，右键单击【输入数据】下的【边界条件】，选择【插入边界条件】。

在入口速度的另一端选择通道的内侧表面，如图 7-26 所示。单击【类型】选项组中的【压力开口】，选择【静压】。

单击【确定】，接受默认的环境参数。

**步骤 7　设置多孔条件**　在 Flow Simulation 分析树中右键单击【多孔介质】，选择【插入多孔介质】。

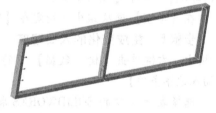

图 7-26　设置出口边界条件

从图形窗口选择零件"porous < 1 >."在【多孔介质】窗口中，展开【预定义】文件夹并选择【格栅材料】。

单击【确定】，关闭【多孔介质】窗口。

**步骤 8　禁用多孔介质**　在 Flow Simulation 分析树中，右键单击【输入数据】并选择【组件控制】。

在【组件控制】选项组中禁用零件"porous < 1 >"，单击【确定】。

**步骤 9　设置工程目标**　在 Flow Simulation 分析树中右键单击【目标】并选择【插入表面目标】。

在【参数】选项组中，勾选【静压】选项的【平均值】复选框。

选择用于定义速度边界条件的入口表面。用户也可以从 Flow Simulation 分析树中选择"入口速度1"边界条件，则入口表面会自动添加到【可应用表面目标的面】列表中。单击【确定】。

**步骤10 运行项目** 请确认勾选了【加载结果】复选框，单击【运行】。

**步骤11 设置模型透明度** 从【工具】/【Flow Simulation】菜单中，选择【结果】/【显示】/【透明度】。移动滑块至右侧，以增加【可设置的值】，将模型的透明度设定为 0.75。

单击【确定】。

**步骤12 生成速度切面图** 使用"Plane1"，生成一幅切面图以显示速度分布，如图 7-27 所示。

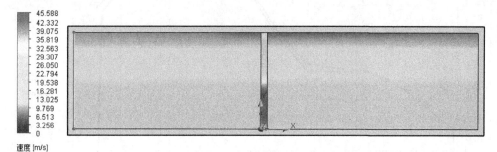

速度 [m/s]

切面图 1:等高线

**图 7-27 生成速度切面图**

> **提示** 从用户定义的入口速度分布来看，靠近通道底部的速度最高。

**步骤13 更改切面图以显示动压力**（图 7-28）

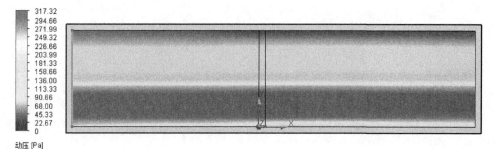

动压 [Pa]

切面图 1:等高线

**图 7-28 动压力切面图**

> **提示** 用户可能需要将【动压力】添加到可用参数列表中。为了实现这一点，需要展开【参数】下拉列表并选择【添加参数】。

步骤14 **在入口和出口附近生成 XY 图** 在 Flow Simulation 分析树中，右键单击【XY 图】并选择【插入】。

在 FeatureManager 设计树中，选择 "Sketch2" 和 "Sketch3"。勾选【参数】选项组中的【速度 (X)】复选框。

单击【导出到 Excel】，结果如图 7-29 所示。

多孔筛对速度分布的影响极小。

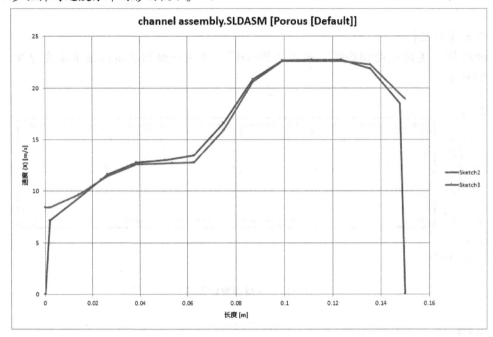

图 7-29 XY 图

# 第8章 旋转参考坐标系

## 学习目标

- 基于问题参数选择合适的计算方法
- 使用旋转参考流动设置问题

## 8.1 概述

SOLIDWORKS Flow Simulation 允许在计算域中使用旋转参考坐标系，可以指定旋转参考坐标系为全局的或局部的。

当指定为全局时，假定所有壁面以与参考坐标系相同的速度转动，而且同时考虑到对应的科氏力和离心力。

当指定为局部时，则旋转区域仅作用于特定的范围（例如风扇或叶轮的周边区域）。该区域必须被定义为一个模型的零部件，而且在该零部件上指定旋转的条件。这里有两种求解方法：平均和滑移。

- 在平均方法中，旋转区域的流动会在旋转区域的局部参考坐标系中计算。流场参数将作为边界条件从相邻的流动区域转移到旋转区域中。在旋转区域的边界中，流场必须是轴对称的。旋转区域不能与其他部位相交。
- 在滑移方法中，假定流场是不稳定的，而且只针对瞬态分析有效。当转子-定子作用非常强烈时，这个假定可以获得较高的仿真精度。然而，由于这个假定需要采用不稳定的数值算法，因此它比混合平面方法更耗费计算资源。

## 8.2 第一部分：平均

本章分为三部分。在第一部分中，使用平均方法来分析一个台扇。该问题的流场是轴对称的；当使用平均方法时，流场的轴对称性是其中的一个必备条件。在第二部分中，将应用更强大的滑移网格方法来解决鼓风机的非对称问题。在第三部分中，将回到台扇的问题，并对其应用滑移网格方法；但这次会利用轴向周期性并将计算域减小到只有一个周期性段内。这种方法将大大减少运算所需的时间。

### 8.2.1 实例分析：台扇

这一部分将使用局部旋转参考坐标系来模拟通过台扇的流动，手工创建网格并学习如何对结果进行适当的后处理操作。

### 8.2.2 项目描述

台扇以 200r/s 的速度进行转动，如图 8-1 所示。台扇四周为环境压力，而且台扇在 Z 方向还会产生 0.1m/s 的恒定风速。通过在叶片区域使用局部旋转参考坐标系来分析通过台扇的空气流动。

该项目的关键步骤如下：

（1）新建项目 使用【向导】新建一个内部流动分析。

（2）定义计算域并创建网格 手工生成初始网格并进行网格设置。

（3）定义旋转域 定义台扇叶片周边的旋转区域。

（4）应用边界条件 定义台扇四周的环境压力。

（5）明确计算目标 定义的计算目标将用于评估最终结果。

（6）设置计算控制并运行分析 定义一些计算控制选项以缩短运算时间。

图 8-1 台扇

扫码看视频

（7）后处理结果 使用 SOLIDWORKS Flow Simulation 的各种选项对结果进行后处理。

**操作步骤**

**步骤 1 打开装配体文件** 打开 Lesson08 \ Case Study \ Table Fan 文件夹下的文件 "Fan _ Assy"，确认当前激活的配置为 Default。

在台扇叶片周边已经定义了局部旋转区域，其名称为 "Part1"。

> 提示 整个台扇都被零件 "External cylinder" 包围。对于像这样的旋转问题，在台扇外围创建一个罩住台扇的筒体有助于得到收敛解。因此，这个问题将被定义为内部流动分析。

**步骤 2 创建项目** 使用【向导】，按照表 8-1 的设置新建一个项目。

表 8-1 项目设置

| 选 项 | 设 置 |
| --- | --- |
| 配置名称 | 使用当前的 Default |
| 项目名称 | Fan Flow- averaging |
| 单位系统 | SI(m-kg-s)，更改【长度】的单位为 mm |
| 分析类型 | 内部<br>选择【旋转】，选择【局部区域（平均）】 |
| 默认流体 | 空气 |
| 壁面条件 | 默认值 |
| 初始条件 | 取消勾选【热动力参数】下的【压力势】复选框<br>设置【Z 方向的速度】为 0.1m/s，取消勾选【关于旋转坐标系】复选框 |

单击【完成】。

**步骤3  设置初始全局网格**  右键单击【全局网格】并选择【编辑定义】，选择【手动】设置。

单击【基础网格】选项卡，按照如下设置：

X 方向网格数：24。

Y 方向网格数：24。

Z 方向网格数：27。

在【通道】中，设置【最大通道细化级别】为3。在【高级细化】中，设置【细小固体特征细化级别】为3，单击【确定】。

**步骤4  创建旋转区域**  在 Flow Simulation 分析树中右键单击【旋转区域】，选择【插入旋转区域】。

使用 SOLIDWORKS 弹出式 FeatureManager，选择"Part1"。指定角速度为200r/s，单击【确定】，结果如图8-2 所示。

在零件被指定为旋转之后，切记要在【组件控制】中将其排除在外。

图8-2  建立旋转区域

> 提示  如果用户不能在 Flow Simulation 分析树中看到【旋转区域】，则需要右键单击算例 "Fan Flow" 并选择【自定义树】，之后便可以从列表中选择旋转区域。

**步骤5  应用环境压力**  对外围圆柱筒体的内壁指定一个【环境压力】，如图8-3 所示。

**步骤6  创建局部初始网格**  在 Flow Simulation 分析树中右键单击【局部网格】，选择【插入局部网格】。

选择"Part1"。在【通道】中，设置【最大通道细化级别】为2。在【高级细化】中，设置【细小固体特征细化级别】为5。单击【确定】。

图8-3  指定环境压力

> 提示  如果用户不能在 Flow Simulation 分析树中看到【局部网格】，则需要右键单击算例 Fan Flow 并选择【自定义树】，之后用户便可以从列表中选择局部网格。

**步骤7  创建表面目标**  选择零件 "Fan_blade"，应用表面目标【力（Z）】和【扭矩（Z）】。

**步骤8  设置计算控制选项**  右键单击 Flow Simulation 分析树下的【输入数据】，选择【计算控制选项】，如图8-4 所示。

在【完成】选项卡中，勾选【迭代次数】复选框并设置为3600。取消勾选【计算时间】、【行程】、【目标收敛】复选框。单击【确定】。

**步骤9 运行项目**
在具有 32GB RAM 的 2.9GHz Inter（R）Core（TM）i7 – 78 20HQ CPU 机器中，这个分析大约需要 30min。

进行到这一步，用户可以选择继续运算完成这次仿真。由于时间关系，可以使用提前计算好的分析结果用于后处理。

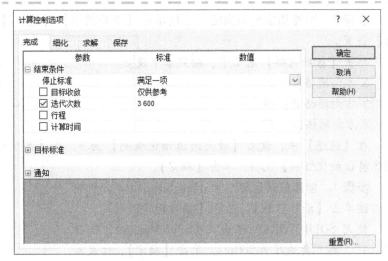

图8-4 设置计算控制选项（1）

**步骤10 激活配置** 激活项目"completed- averaging"。

**步骤11 载入结果** 右键单击【结果】并选择【加载】。

**步骤12 查看切面图** 右键单击 Flow Simulation 分析树下的【切面图】，选择【插入】。

单击【显示】选项组中的【等高线】和【矢量】。从 FeatureManager 设计树中选择"Right Plane"。选择【等高线】选项组中的【速度】，并将【级别数】提高到 100。选择【矢量】选项组中的【速度】。将图例的最大值和最小值设置为【显示最大值】和【显示最小值】。

单击【确定】，结果如图 8-5 所示。

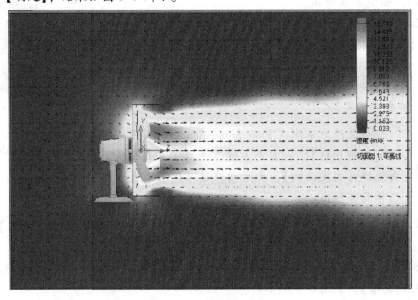

图8-5 速度切面图（1）

**步骤13 显示表面图** 右键单击【表面图】并选择【插入】。
在 FeatureManager 设计树中单击整个零件"Fan _ Blade1"，选择该零件的所有表面。

在【显示】选项组中选择【等高线】。选择
【等高线】选项组中的【速度】，并将【级别
数】提高到 100。将图例的最大值和最小值设置
为【显示最大值】和【显示最小值】。单击
【确定】，结果如图 8-6 所示。

半径大的部分速度最高。速度随半径减小
而降低。

**步骤 14　显示压力表面图**　和步骤 13 一
样，针对【静压】定义一个新的表面图，如
图 8-7 所示。

当空气流入风扇时，压力会降低；而当空
气离开风扇时，压力会升高。风扇前后的静压
差也称之为压降。

图 8-6　速度表面图

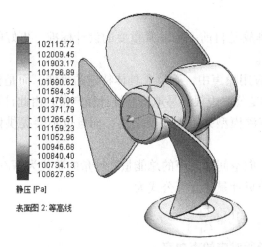
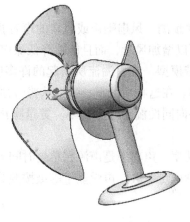

图 8-7　压力表面图

**步骤 15　生成流动迹线**　在 Flow Simulation 分析树中，右键单击【结果】下的【流
动迹线】，选择【插入】。

在 SOLIDWORKS FeatureManager 弹出式设计树中，单击 "Sketch1" 条目。这将选取
"Sketch1" 的曲线作为【参考】。在【起始点】选项组中的【点数】框中输入 100。在
【外观】选项组中单击【静态迹线】，选择【导管】，在【宽度】框中输入 5mm。在【约
束条件】选项组的【最大长度】中，将数值提高到 30000mm。将图例的最大值和最小值
设置为【显示最大值】和【显示最小值】。

单击【确定】。

**步骤 16　生成第二个流动迹线**　采用和前面步骤中一样的参数，定义一组新的流动
迹线，使用 "Front Plane" 作为参考。

最终的图解同时显示了前面两个步骤的流动迹线，如图 8-8 所示。

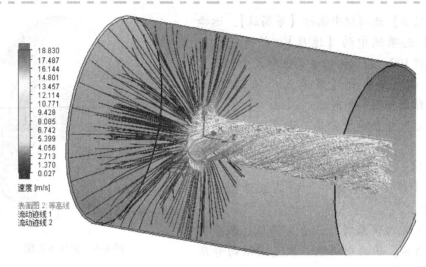

图 8-8　流动迹线

- 噪声预测　风扇噪声或风扇的声音排放是目前一项非常重要的设计标准。更好的风扇设计，不但可以增加风量，而且能够降低噪声。
- 宽带模型　在由湍流所引起的许多应用噪声中，不包含具体特定的声调，而是包含了宽频谱的频率。在这种情况下，可以从普劳德曼公式中很容易地得到统计噪声量，由此计算没有平均流量下各向同性湍流的声功率。宽带噪声源模型并不需要瞬态解，而且也不会提供任何频谱信息。
- 声功率　声功率是声源在单位时间内向空间辐射声的总能量。计量的单位为 $W/m^3$。
- 声学能量等级　声学能量等级按照分贝计量，计算公式为

$$L_w = 10\lg \frac{P}{P_0}$$

其中，$P_0$ 代表人类可以分辨的最小声音所对应的声功率。

**步骤 17　查看声学能量等级的表面图**　以 dB 为单位的声学能量等级表面图显示了大多数噪声发生的区域以及对应的等级，如图 8-9 所示。

在不同的设计和转速下运算多次仿真，将会获得噪声等级并帮助选择最佳风扇设计。

提示　对于瞬态分析，可以通过 FFT 图得到频谱信息。

图 8-9　声学能量等级表面图

## 8.3　第二部分：滑移

　　这里，将使用更强大的滑移网格方法来模拟通过鼓风机的流动。这种方法假定流场不稳定，因此只对瞬态求解有效。然而这种方法适用于多种流动配置，特别适合下列情况：一是转子-定子交互强烈的区域，二是从旋转部件的径向排出流体的区域。该方法比平均法要耗费更多的计算资源。

### 8.3.1　实例分析：鼓风机

　　在这个实例分析中，将使用滑移网格方法来模拟通过鼓风机的空气流动。模型的基本特征是：流体径向地流出旋转体，而且在转子和定子之间存在很强的交互。

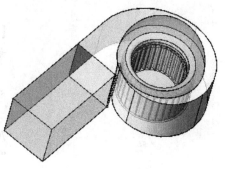

### 8.3.2　项目描述

　　图 8-10 所示的鼓风机风扇以 700rpm（73.3r/s）的速度旋转，以带动空气从系统一侧传递到另一侧。使用滑移网格方法来分析流体如何穿过风扇。

**图 8-10　鼓风机风扇**

### 操作步骤

　　**步骤 1　打开装配体文件**　打开 Lesson08\Case Study\Blower Fan 文件夹下的文件 "fan"。

　　风扇的入口是圆顶形的端盖，有助于在风扇入口收集更多合适的流动分布。

提示　　　　这个仿真的设置部分和第一部分的台扇模型很相似，因此这个分析的一些特征已经提前准备完毕，只是在这里再查看一遍。

扫码看视频

　　**步骤 2　激活项目**　激活项目 "Blower fan-sliding mesh"。项目设置见表 8-2。

**表 8-2　项目设置**

| 选　　项 | 设　　置 |
|---|---|
| 配置名称 | 使用当前的 Default |
| 项目名称 | Blower fan-sliding mesh |
| 单位系统 | SI(m-kg-s)，将【长度】的单位更改为 m |
| 分析类型 | 内部<br>选择特征：【旋转】、【局部区域（滑移）】 |
| 默认流体 | 空气 |
| 壁面条件 | 默认值 |
| 初始条件 | 不勾选【热动力参数】下的【压力势】复选框 |

　　单击【完成】。

　　**步骤 3　查看初始全局网格**　此项目的初始网格需要使用高级设置。查看全局网格设置。

在【基础网格】中，查看手动指定的网格数量。

在【细化网格】中，【细化流体网格的级别】和【流体/固体边界处的网格细化级别】都被设置为1。

在【通道】中，【跨通道网格特征数】设置为5，【最大通道细化级别】设置为2。

在【高级细化】中，【细小固体特征细化级别】和【耐受度】都设置为4。【耐受标准】设置为0.0015m，如图8-11所示。

**步骤4 查看旋转区域** 与台扇模型类似，必须定义包围旋转体周围的旋转区域，如图8-12所示。

查看项目特征"Rotating Region 1"，角速度设置为700rpm（73.3r/s）。在【组件控制】工具中，取消勾选"rotating region"零件。

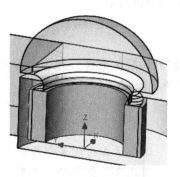

图 8-11 查看初始全局网格        图 8-12 查看旋转区域

## 8.4 转子切面

请注意，这个项目中使用的旋转区域并不包含转子顶部和底部平直钣金的顶面和底面。然而旋转区域可以包含它们，这里使用了一个替代的方法，如图8-13所示。

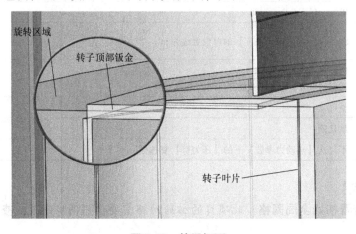

旋转区域
转子顶部钣金
转子叶片

图 8-13 转子切面

当整个壁面相对于流体切线方向移动时，推荐使用明确的真实壁面边界条件。一般推荐应用到旋转区域的内侧和外侧两面。因此，700rpm 的绝对角速度适合应用到所有切面中。

**步骤5 设置转子的相切壁面** 在转子顶部的三个表面和转子底部的四个表面定义【真实壁面】的边界条件，如图 8-14 所示。相对于全局 Z 轴，【角速度】指定为【绝对】值 700rpm。

**提示** 因为该边界条件是应用到旋转区域内外两侧的相切面，因此必须使用绝对值。

**步骤6 设置入口边界条件** 入口边界条件采用的是圆顶形的封盖，有助于在风扇入口产生更真实的流量分布。

在圆顶封盖的内侧表面指定一个【环境压力】边界条件，如图 8-15 所示。

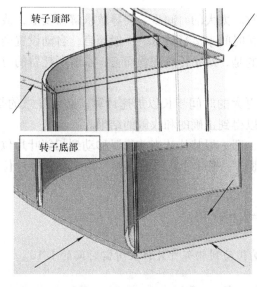

图 8-14 转子的相切壁面

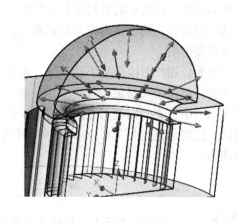

图 8-15 设置入口边界条件

159

**步骤7 设置出口边界条件** 在出口封盖的内侧表面指定一个【环境压力】边界条件，如图 8-16 所示。

**步骤8 查看局部初始网格** 这个项目指定了两个局部初始网格的条件，第一个条件定义在旋转区域部分，可以在转子四周直接细化网格。第二个条件是特别创建的，是为了进一步细化叶片端部的网格，也就是可能会产生复杂的不稳定流型的区域。在这个条件中，每根叶片两侧的前缘部分都使用了虚拟的圆柱体，这都包含在零件"lm2"中。

查看这两个局部初始网格，如图 8-17 所示。

**步骤9 查看目标** 这个项目已经定义好了几个目标，可以查看所有已经定义好的目标。

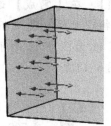

图 8-16 设置出口边界条件

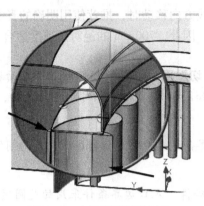

图 8-17 查看局部初始网格

## 8.5 时间步长

时间步长在任何瞬态求解中都是非常重要的参数。太大的时间步长会导致求解器发散，或产生不正确的结果，而太小的时间步长会导致花费很长时间来运行仿真。一般而言，自动设置会使用保守的时间步长，确保仿真结果是正确的。遗憾的是，对于传统配置而言，求解所耗费的时间可能是不可接受的。

另一方面，用户可以采用手动设置，指定一个更大的时间步长以加速计算。必须注意的是，工程师有责任确保手动指定的时间步长足够小，可以得到正确的和收敛的结果。

在本项目中，将根据绝对时间的时间步长假设，即一根叶片从当前位置移动到相邻叶片位置所需时间。已知角速度为 700rpm，转子叶片有 32 根，一根叶片从当前位置移动到相邻叶片位置所需时间为

$$\Delta t = \frac{60}{700 \times 32 \times 10} = 2.67 \times 10^{-4}$$

提示 时间步长等于一根叶片从当前位置移动到相邻叶片位置所需时间的 1/10。

**步骤 10 设置计算控制选项**
在 Flow Simulation 分析树中右键单击【输入数据】并选择【计算控制选项】。在【完成】选项卡中，勾选【物理时间】复选框，并指定 0.2s。其他选项都保持不勾选状态，如图 8-18 所示。

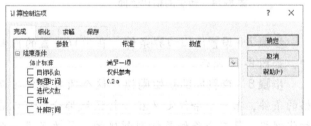

图 8-18 设置计算控制选项（2）

提示 项目将模拟转子转动两圈多一点的时间。单圈的周期（可以通过角速度 700rpm 求得）是 0.0857s。

在【细化】选项卡中，确保【全局域】选定为【已禁用】，局部区域使用全局设置（已禁用）。

在【求解】选项卡中，指定【手动】的时间步长为 0.0002s，如图 8-19 所示。

**步骤 11　设置时间周期**
在【保存】选项卡中，在【完整结果】下方勾选【周期性】并选择【物理时间 [s]】，在【开始】中输入 0s，在【周期】中输入 0.004s，如图 8-20 所示。

图 8-19　设置求解选项

提示　总共 50 个计算结果实例将被保存。

单击【确定】。

**步骤 12　运行该项目**　现在可以开始运算这个仿真，大约需要 52h

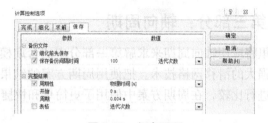

图 8-20　保存页面

进行求解，机器配置为 3.6GHz Intel Xeon E5, 16 GM RAM。

由于需要花费大量时间，分析已经提前计算完毕。由于磁盘空间占用过大，结果文件并未包含在配套资源中。

后处理部分包含两个速度切面图和一个瞬态动画。

**步骤 13　生成速度切面图**　图 8-21 和图 8-22 两个速度切面图显示了仿真开始阶段（第一个保存的时间步长对应于第 20 个计算时间步长）和结束时的速度场分布。

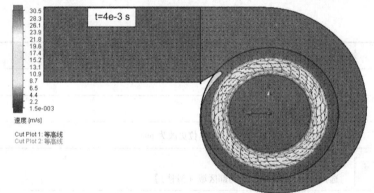

图 8-21　速度切面图（2）

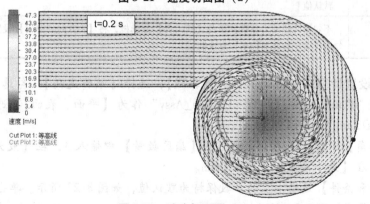

图 8-22　速度切面图（3）

在仿真刚开始的时刻，注意到只有转子附近的空气会高速运动。

红色球体标识的最高速度达到了约 48m/s。

**步骤 14　观察动画**　转子头两圈的运动捕获在附带的"animation1. avi"文件中。

捕捉的事件持续时间只有 0.2s，帧率为 100fps。为了更好地观察动画，可以降低播放速度至大约 25% 倍速或更低。

## 8.6　第三部分：轴向周期

这里将应用轴向周期来求解第一部分中的台扇模型。轴向周期仅适用于更强大的滑移网格技术。把使用周期方案的结果与第一部分中获得的结果进行比较，在周期方案中使用了更简单和快捷的滑移方法。

扫码看视频

**操作步骤**

**步骤 1　打开装配体文件**　从 Lesson08 \ Case Study \ Table Fan 文件夹内打开"Fan_Assy"装配体。在本章的第一部分已经解决了这个问题。

**步骤 2　激活项目**　激活项目"Fan Flow- sliding mesh- periodicity"。该项目的设置与第一部分中使用的相同，唯一的区别是使用了滑移网格方法，以及相应的时间参数。项目设置见表 8-3。

表 8-3　项目设置

| 选　项 | 设　置 |
| --- | --- |
| 配置名称 | 使用当前的 Default |
| 项目名称 | Fan Flow- sliding mesh- periodicity |
| 单位系统 | SI（m- kg- s），将【长度】的单位更改为 mm |
| 分析类型 | 内部<br>选择特征：【旋转】、【局部区域（滑移）】 |
| 默认流体 | 空气 |
| 壁面条件 | 默认值 |
| 初始条件 | 不勾选【热动力参数】下的【压力势】复选框，将【Z 方向的速度】设置为 0.1m/s，不勾选【关于旋转坐标系】复选框 |

**步骤 3　设置计算域**　右键单击【计算域】，选择【编辑定义】。勾选【轴向周期】复选框，选择"Plane3@ Fan_Blade – 1@ Fan_Assy"作为【平面、表面】，选择"Axis1@ Fan_Blade – 1@ Fan_Assy"作为【轴】。

在【起始角】中输入 3.14159rad，在【扇区数量】中输入 3，在【最大半径】中输入 601.2mm，在【最小半径】中输入 0mm。

将【大小和条件】选项卡上的参数保持为默认值，如图 8-23 所示。单击【确定】。

生成的计算域如图 8-24 所示。

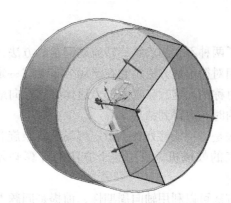

图 8-23　设置计算域　　　　　　图 8-24　生成的计算域

**步骤 4　运行项目**　在具有 32GB RAM 的 2.9GHz Intel（R）Core（TM）i7 - 7820HQ CPU 机器上求解该分析大约需要 50min。

此时，用户可以继续运行模拟。由于需要时间，这个分析的结果已经计算出来了，下面将使用它们进行后处理。

**步骤 5　激活项目**　激活项目"completed - axial periodicity"。

**步骤 6　加载结果**　右键单击【结果】文件夹并选择【加载】。

**步骤 7　查看切面图**　显示已经存在的速度切面图"Cut Plot 1"，如图 8-25 所示。

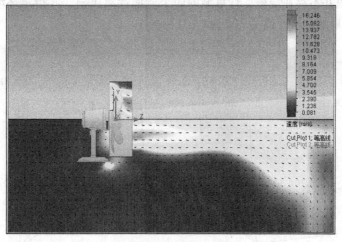

图 8-25　查看切面图

最大速度以及速度场的轮廓与使用更简单的平均方法获得的全域解非常相似（本章第一部分的解）。

**步骤8　查看切面图动画**　已经生成的两个动画保存在本章的文件夹中。"Axial periodicity. mp4"和"Full domain. mp4"分别显示轴向周期和全域方案中初始2s的解。这两个解都是使用了更稳健的滑移网格方法获得的，查看并进行比较。

## 8.7　总结

本章学习了两种不同的求解旋转流动问题的方法：平均和滑移。

平均法是相对简单的方法，它在流场分布上有一定假设。一个重要的假设是忽略旋转特征，流动必须是轴对称的。这意味着大部分流体必须轴向地流进和流出旋转区域。这个方法的优点是能够在相对短的时间内得到结果。

滑移网格法是一种能够处理不稳定流场有复杂旋转流动的强大方法。在本章演示的例子中，使用了径向出气的鼓风机。采用这个方法的计算必须是瞬态的，而且需要相当长的时间才能完成。

滑移网格方法可以利用轴向周期性，前提是问题本身允许这种假设。在本章第一部分的台扇案例中做了这样的假设。在第三部分再次解决了这个问题，这次使用的是轴向周期性。同时比较了多种问题设置的解决方案。

**练习　吊扇**

在本练习中，将计算由三个叶片组成的吊扇旋转产生的流动结果，如图 8-26 所示。

本练习将应用以下技术：

- 旋转参照系。
- 第一部分：平均。
- 创建旋转区域。
- 生成局部初始网格。

**1. 项目描述**　图中的电扇带有三个叶片。它位于一个较大的空间中，在这个仿真中只模拟其中一部分。在这里并不存在墙壁，计算域的四个侧面远离风扇，并指定环境压力的边界条件，如图 8-27 所示。风扇的旋转速度为300rpm（31.4r/s）。

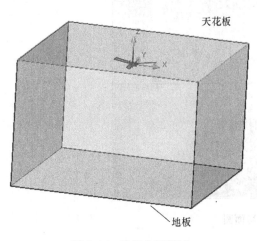

图 8-26　流场上下区域

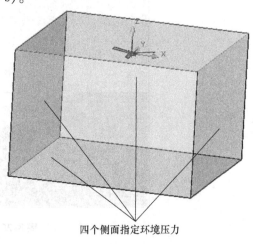

图 8-27　流场四周区域

**2. 边界条件**　风扇的转速为300rpm。计算域的四个侧面都指定环境压力的边界条件进行模拟。风扇的特定旋转部分需要包含在旋转区域中，在旋转壁面运动的其他部分有可能需要指定真实壁面的边界条件。

**3. 计算域**　选择【大小和条件】选项卡并输入表8-4中的数值。

表8-4　对称条件和域的大小

| 选项 | 大小/m | 选项 | 大小/m |
|---|---|---|---|
| X$_{最大值}$ | 2.25 | Y$_{最小值}$ | −2.25 |
| X$_{最小值}$ | −2.25 | Z$_{最大值}$ | 0.29298 |
| Y$_{最大值}$ | 2.25 | Z$_{最大值}$ | −2.7 |

**4. 目标**　创建旋转区域的虚拟实体并选择包含在其中的部分。在计算域中，对所有重要区域和风扇的所有重要部分建立合理的局部网格控制，获得流动的剖面轮廓。

练习中所用的装配体文件"Fan_Assembly"位于Lesson08\Exercises文件夹下。

165

# 第9章 参数研究

**学习目标**

- 使用参数（优化）研究特征创建分析
- 使用对称平面创建四分之一模型
- 后处理参数化分析的结果

## 9.1 实例分析：活塞阀

本章将使用 Flow Simulation 对活塞阀装配体（图 9-1）进行参数优化，该模型允许使用对称来简化计算。实例中将使用模型的尺寸和边界条件等几个变量，而且还将定义一个目标以了解其随着变量值的变化而变化的情况。如果需要特定的目标值，它也可以用于判定收敛。

## 9.2 项目描述

水从入口沿着轴向流向活塞，如图 9-2 所示。压力会作用在活塞上，然后将水沿着径向从排出孔排出。活塞由一个弹簧进行约束，在活塞表面必须作用 6N 的作用力才能使弹簧发生移动。当入口压力为 2bar（1bar = $10^5$ Pa）、出口压力为 1bar 时，需要找到产生 6N 这个作用力时对应的装配体配置（例如活塞位置）。通过采用对称条件，可以使用四分之一模型来代表整个阀门的几何体。

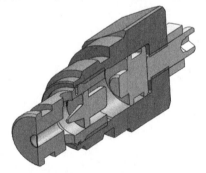

图 9-1　活塞阀

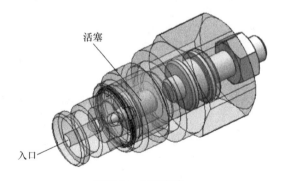

图 9-2　水流方式

该项目的关键步骤如下：

（1）新建项目　使用【向导】，新建一个内部流动分析。

（2）定义计算域　在模型中使用对称的条件简化计算域。

（3）应用边界条件　定义流体流入和流出外壳的条件。

（4）明确计算目标　为了评估每一步迭代的结果，需要定义计算的目标。

（5）定义参数研究　定义可变参数及模型目标。

（6）运行分析

（7）后处理结果　使用 Flow Simulation 的各种选项进行结果的后处理。

在参数研究（又称为优化）中，指定边界的特定参数在每次迭代时都将发生变化，因此产生了一系列的计算，直到满足特定目标的要求。

## 9.3　稳态分析

参数研究只能考虑固定模型几何体的稳态分析。如果用户想研究流动达到稳态所需要的时间，则需要使用瞬态分析，并且无法使用参数研究。这时每个算例必须分别修改并运算。

---

**操作步骤**

**步骤1　打开装配体文件**　在 Lesson09\Case Study 文件夹下打开文件"Piston Valve"，确认当前激活的配置为 Default。

**步骤2　新建项目**　使用【向导】，按照表9-1 的设置新建一个项目。

扫码看视频

表9-1　项目设置

| 选 项 | 设 置 |
|---|---|
| 配置名称 | 使用当前的 Default |
| 项目名称 | Piston |
| 单位系统 | SI( m- kg- s)<br>在参数表格的【主要参数】下，选择【bar】作为【压力和应力】的单位 |
| 分析类型 | 内部<br>同时勾选【排除不具备流动条件的腔】复选框 |
| 默认流体 | 水 |
| 壁面条件 | 默认的绝热壁面，表面粗糙度为【0μm】 |
| 初始条件 | 默认值 |

单击【完成】。

**步骤3　设置初始全局网格**　设置【初始网格的级别】为3。

**步骤4　设置计算域**　在 Flow Simulation 分析树中，右键单击【计算域】并选择【编辑定义】。

输入表9-2 中的数值，在【大小和条件】属性框中指定适当的条件。

表9-2　设置计算域

| 选项 | 大小/m | 条件 | 选项 | 大小/m | 条件 |
|---|---|---|---|---|---|
| X<sub>最大值</sub> | 0.00335 | — | Y<sub>最小值</sub> | 0 | 对称 |
| X<sub>最小值</sub> | − 0.013 | — | Z<sub>最大值</sub> | 0.0065 | — |
| Y<sub>最大值</sub> | 0.0065 | — | Z<sub>最小值</sub> | 0 | 对称 |

完成后单击【确定】。

**步骤5　设置入口边界条件**　在 Flow Simulation 分析树中，右键单击【边界条件】，选择【插入边界条件】。定位并选择入口封盖的内侧表面，如图9-3 所示。选择【类型】选项组中的【压力开口】，选择【静压】。在【热动力参数】，输入2bar 作为压力。

167

单击【确定】，重命名入口边界条件为"Inlet p = 2bar"。

**步骤6 设置出口边界条件** 在 Flow Simulation 分析树中，右键单击【边界条件】，选择【插入边界条件】。

定位并选择出口封盖的内侧表面，如图9-4所示。选择【类型】选项组中的【压力开口】，选择【静压】，指定压力数值为1bar。

单击【确定】，重命名出口边界条件为"Outlet p = 1bar"。

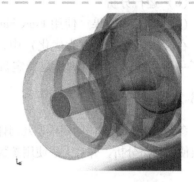

图9-3 设置入口边界条件

**步骤7 设置全局目标** 在 Flow Simulation 分析树中，右键单击【目标】，选择【插入全局目标】。

单击对应【静压】的【平均值】复选框，同时确认已经勾选了【用于控制目标收敛】复选框。单击【确定】。

**步骤8 设置表面目标** 在 Flow Simulation 分析树中，右键单击【目标】，选择【插入表面目标】。

单击对应【力（X）】的【平均值】复选框，同时确认已经勾选了【用于控制目标收敛】复选框。

更改零件"Part2"的透明度，以便能够看到活塞。选择活塞暴露在流动中的4个表面，如图9-5所示，单击【确定】✔。

图9-4 设置出口边界条件

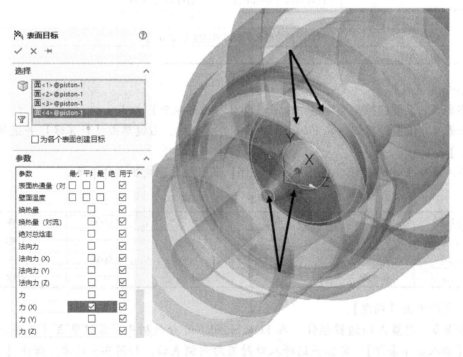

图9-5 设置表面目标

| 知识卡片 | 参数研究 | 参数研究允许用户启用一组计算，目标是研究选定量的趋势，或找到选定量的最佳值，直到达到指定目标（优化）。<br>参数研究中的每次迭代都将新建一个具有不同参数值（定义为尺寸或边界条件）的配置，这些参数值将导致流场发生变化。用户可以定义三种类型的参数研究：<br>● 一维优化（目标优化）　在每次迭代计算中，都将计算一次指定的目标并和既定目标（定义为常数、表格或函数相关）进行对比。模型将采用正割法自动更新可变参数，然后周而复始地求解算例，直到下面列出的条件之一得到满足：符合既定目标的要求；达到了迭代的最大数量；已经判定在给定可变参数条件下无法满足目标要求。<br>● 多变量设计方案（假设分析）　每次迭代都可以改变多个参数，直到获得期望的数值。方案后处理可以让用户研究所选量的趋势以及它们对研究参数的相关性。<br>● 试验设计和优化　基于多变量响应面的优化是一维优化的扩展。它允许用户定义多个几何和尺寸参数，并对一个目标函数进行优化（最小、最大，或找到特定值）。目标函数可以定义为一个个目标，或指定权重的目标总和。这项用来实现优化的技术解决方案被称为试验设计（DoE）。 |
| --- | --- | --- |
| | 操作方法 | ● 快捷菜单：在 Flow Simulation 设计树中右键单击项目名称，再单击【新建参数研究】⊞。<br>● 菜单：【工具】／【Flow Simulation】／【求解】／【新建参数研究】。<br>● Flow Simulation 主工具栏：【新建参数研究】。 |

## 9.4　第一部分：目标优化

本章将准备一个目标优化的算例，目的是找到阀门的最佳位置。

**步骤9　设置参数研究**（1）　从【工具】／【Flow Simulation】菜单中，单击【求解】／【新建参数研究】，打开参数研究的设置窗口。

将参数研究切换到【目标优化】模式，如图9-6所示。

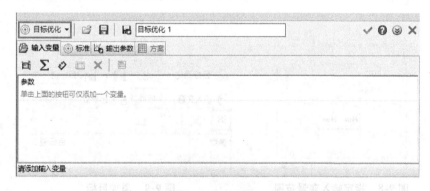

图9-6　设置参数研究

> **提示** 在【目标优化】模式中，只有一个变量可以改变。

### 9.4.1　输入变量类型

用户可以选择优化一个所选尺寸或流动参数（质量流量、入口体积流量等）。

在这个项目中，想知道产生 6N 力时活塞的位置。因此，将使用【添加尺寸参数】选项，通过改变 SOLIDWORKS 的尺寸配合来控制活塞的位置。

169

**步骤10　指定输入变量类型**　在【输入变量】选项卡中，单击【添加尺寸参数】，打开【添加参数】窗口，单击控制活塞位置的尺寸配合"Piston X"，将其添加到【添加参数】选择框中，如图9-7所示。

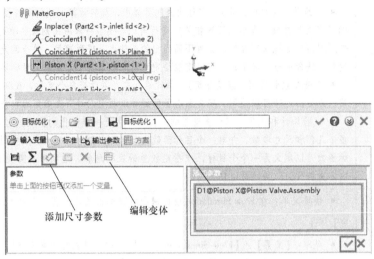

图9-7　指定输入变量类型

单击【确定】并关闭【添加参数】选择框。

**步骤11　指定输入变量范围**　单击【编辑变体】，分别输入0.003m和0.006m作为最小值和最大值，如图9-8所示。单击【确定】✔，关闭【编辑变体】窗口。

**步骤12　添加目标**　单击【标准】选项卡，单击【添加目标】，如图9-9所示。

图9-8　指定输入变量范围

图9-9　添加目标

在【添加目标】窗口中，勾选【SG 力 (X) 1】复选框，如图9-10所示。单击【确定】✔，关闭【添加目标】窗口。

**步骤13　指定目标值**　仍然在【标准】选项卡中单击【目标值】◎，指定【目标值】为1.5N、【最大偏差】为0.3N，如图9-11所示。

单击【确定】✔，关闭【目标值】窗口。

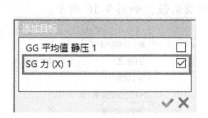

图 9-10　添加目标

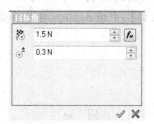

图 9-11　指定目标值

**步骤 14　指定输出参数**（1）　单击【输出参数】选项卡。单击【添加目标】，勾选【SG 力（X）1】目标复选框并单击【确定】，如图 9-12 所示。

图 9-12　指定输出参数

### 9.4.2　目标值相关性类型

用户可以选择指定目标值的相关性类型。本章指定了步骤 13 中给定的【常数】目标值为 1.5N。目标值相关性类型在默认情况下也被设定为【常数】（图 9-13）。

目标值窗口中的【目标值】按钮 $f_x$（图 9-11）可以让用户指定更多复杂的相关性类型，例如【表】和【公式】。【公式】类型可以让用户直接关联目标值和输入变量（在这个例子中即控制活塞位置的尺寸）。

### 9.4.3　输出变量初始值

单击【输出参数】选项卡中的【初始值】，可以让用户通过在步骤 11 中指定的输入变量范围内指定输出变量值（例如流动模拟的结果）来节约计算时间。如果这些值是未知的，则保留这些地方为空，如图 9-14 所示。

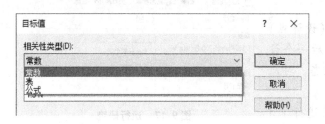

图 9-13　相关性类型

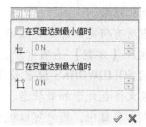

图 9-14　初始值

Flow Simulation 会自动运行两个额外的计算，来获取在输入变量范围内的结果。

**步骤 15　研究选项**　单击【方案】选项卡，如图 9-15 所示。在【研究选项】中的【最大计算数目】中输入 10，对其余选项保持默认值，如图 9-16 所示。

图 9-15　方案选项　　　　　　　　图 9-16　研究选项

## 9.4.4　运行优化研究

Flow Simulation 将尝试 10 次计算，以获取当输出变量（作用在活塞上的力）为 1.5N（收敛准则设为 0.3N）时对应的输入变量的值（活塞位置）。如果无法找到这样的位置，则需要进行更多的计算。注意，如果定义了更复杂的相关性，则计算量可能会非常大。

**1. 优化研究结果**　每次新的计算都会在相同的 SOLIDWORKS 配置下关联一个新的研究，因此可以查看每个输入变量数值的结果。

**2. 在多台计算机中运行**　在【方案】选项卡中单击【添加计算机】按钮 🖥，可以让用户添加多台与网络相连的计算机。该计算机可以运行在步骤 15 中指定的研究选项中的研究。这个操作需要特有的软件许可。

**步骤 16　运行研究**（1）　查看【方案】选项卡中摘要表的研究设置，然后单击【运行】。

提示　　　如果用户不想立即运行这个参数研究，可以在【方案】选项卡的工具栏中选择【研究另存为】。当准备好运行这个参数研究时，使用【加载研究】📂 将参数研究项目载入，如图 9-17 所示。

**步骤 17　查看结果**（1）　下面的消息表明优化程序结束："已聚合解。"关闭这个消息并查看优化结果。

当所有研究都计算完成后，结果（设计点）都呈现在【方案】选项卡中，而且最后一个设计点的 SOLIDWORKS 配置处于激活状态，对应的结果文件也处于加载状态。

在本项目中，用户可以观察到一共进行了 3 次迭代并获得了一个优化结果，如图 9-18 所示。

图 9-17　运行研究

当活塞上的力到达 1.36N 时，活塞的优化位置位于 4.9mm（只是活塞的四分之一部分）。

如图 9-19 所示，项目设置保存在 Flow Simulation 分析树中。

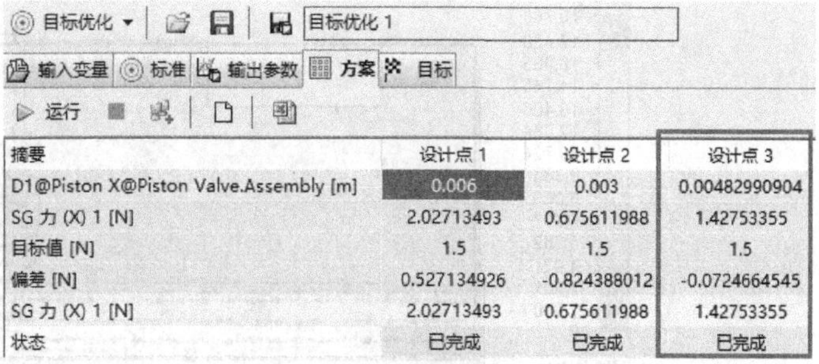

| 摘要 | 设计点 1 | 设计点 2 | 设计点 3 |
|---|---|---|---|
| D1@Piston X@Piston Valve.Assembly [m] | 0.006 | 0.003 | 0.00482990904 |
| SG 力 (X) 1 [N] | 2.02713493 | 0.675611988 | 1.42753355 |
| 目标值 [N] | 1.5 | 1.5 | 1.5 |
| 偏差 [N] | 0.527134926 | -0.824388012 | -0.0724664545 |
| SG 力 (X) 1 [N] | 2.02713493 | 0.675611988 | 1.42753355 |
| 状态 | 已完成 | 已完成 | 已完成 |

图 9-18 优化结果

**步骤 18 加载结果** 右键单击收敛的设计点（这里对应设计点 3），然后选择【创建项目】，如图 9-20 所示。

图 9-19 项目设置

图 9-20 创建项目

将会弹出消息："创建项目可能会根据当前会话中暂存的设计点来更改所有配置中的几何形状。是否要创建新项目并更改几何图形？"

单击【是】。一个新的项目名为"设计点 3"的配置将被创建，而且处于激活状态，如图 9-21 所示。

在新的项目"设计点 3"中，右键单击【结果】文件夹并选择【加载】，正确的结果文件将被加载进来。

> **提示** 当然，也可以通过右键单击原始项目"Piston"下方的结果文件夹，选择【从文件加载】来获取所有参数研究的结果文件。然后浏览到本章文件夹下对应项目 Piston 的"Parametric Study 1"文件夹内，选择带有最大数字的子文件夹内的文件。

图 9-21 加载结果

**步骤 19 查看切面图** 右键单击 Flow Simulation 分析树中结果下方的【切面图】，选择【插入】，单击【等高线】和【矢量】。

从 FeatureManager 设计树中选择"Plane 1"（不是"PLANE1"）作为参考。

选择【速度】并单击【确定】，显示这个图解，如图 9-22 所示。

活塞优化位置出现时的最大速度约为 19m/s。

**步骤 20 查看表面参数** 右键单击【结果】文件夹中的【表面参数】，选择【插入】。在 Flow Simulation 分析树中单击目标"SG 力 (X) 1"，会选择活塞的四个表面。

173

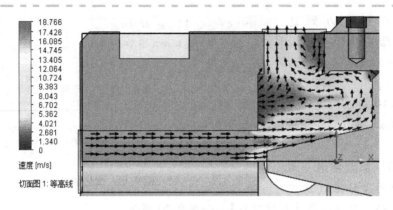

图 9-22　速度切面图

从【参数】选项组中选择【全部】，单击【显示】，如图 9-23 所示。

| 整体参数 | 数值 | X 方向分量 | Y 方向分量 | Z 方向分量 | 表面面积 [m^2] |
|---|---|---|---|---|---|
| 换热量 [W] | 0 | | | | 2.3418e-05 |
| 法向力 [N] | 1.625 | 1.435 | -0.535 | -0.542 | 2.3418e-05 |
| 摩擦力 [N] | 0.005 | 0.004 | 0.002 | 0.002 | 2.3418e-05 |
| 力 [N] | 1.627 | 1.439 | -0.533 | -0.540 | 2.3418e-05 |
| 扭矩 [N*m] | 0.004 | -5.162e-07 | 0.003 | -0.003 | 2.3418e-05 |
| 表面面积 [m^2] | 2.3418e-05 | -1.5193e-05 | 7.4309e-06 | 7.4309e-06 | 2.3418e-05 |
| 法向力扭矩 [N*m] | 0.004 | 2.142e-09 | 0.003 | -0.003 | 2.3418e-05 |
| 摩擦力扭矩 [N*m] | 1.776e-06 | -5.183e-07 | 1.415e-06 | -9.395e-07 | 2.3418e-05 |
| 换热量（对流）[W] | 0 | | | | 2.3418e-05 |
| 均匀性指数 [ ] | 1.0000000 | | | | 2.3418e-05 |
| 面积（流体）[m^2] | 2.3742e-05 | | | | 2.3742e-05 |

图 9-23　查看表面参数

注意到力的大小约为 1.6N，而且位于 1.2～1.8N 的收敛准则区间。单击【确定】关闭【表面参数】的 PropertyManager。

**步骤 21　定义目标图**　在 Flow Simulation 分析树的【结果】下方，右键单击【目标图】并选择【插入】。

勾选【SG 力（X）1】复选框，单击【导出到 Excel】。一个 Microsoft Excel 文件将自动打开，并显示此目标的相关信息。

单击底部的【SG 力（X）1】选项卡，将显示一个图表，表明优化结果是如何达到的。

## 9.5　第二部分：假设分析

这里将定义"假设分析"类型的参数研究。该类型允许用户分析各种输入参数对所选结果量的影响。

这个部分研究的目标是确定在活塞力作用下的输入压力及阀门位置。

**步骤22　新建算例**　右键单击【参数研究】文件夹（位于顶层项目树 "Default" 配置下方的研究 "Piston"）并选择【新建】，如图9-24所示。

**步骤23　设置参数研究**（2）　在【输入变量】选项卡中，设置优化为【假设分析】模式，如图9-25所示。

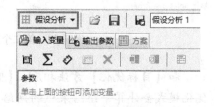

图9-24　新建算例　　　　　　　　图9-25　假设分析

提示　　在【假设分析】模式中，多个变量参数都可以发生改变。

**步骤24　指定第一个输入变量**（1）　按照步骤10和步骤11的方法，单击控制活塞位置的尺寸配合 "Piston X"，作为第一个输入变量参数。

选择【离散值】，输入数值0.003m、0.004m、0.005m和0.006m，单击【确定】。

**步骤25　指定第二个输入变量**（1）　第二个输入变量将会改变输入压力，单击【添加模拟参数】，在【添加参数】对话框中，展开边界条件和p = 2bars文件夹，如图9-26所示。

选择【静压】后单击【确定】。

选择静压参数，单击【编辑变体】，在输入类型中选择【数字范围】，在最小值和最大值中分别输入1.3bar和2bar。参数计算位置的值设为3，如图9-27所示。

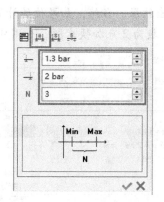

图9-26　添加参数　　　　　　　　图9-27　数字范围

单击【确定】，关闭【数字范围】对话框。

【输入变量】选项卡中定义了两个输入变量，如图9-28所示。

175

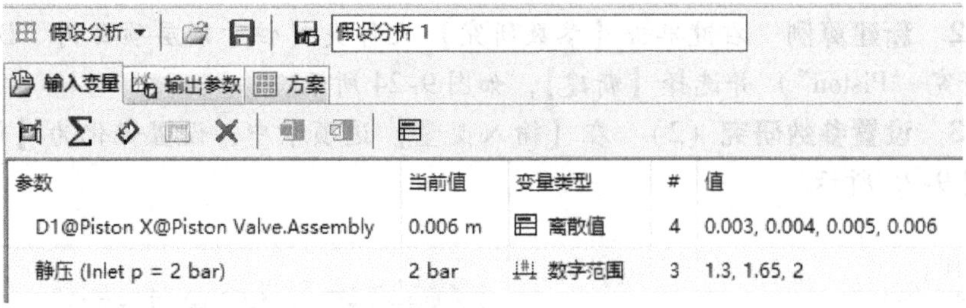

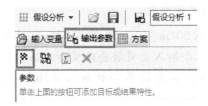

图 9-28　第二个输入变量

提示　和【目标优化】方法相反，【假设分析】并不包含标准。【假设分析】优化模式会计算一组结果值的网络，用户可以从中分析输出变量中的各种趋势。

**步骤 26　指定输出参数（2）**　在【输出参数】选项卡中，单击【添加目标】，如图 9-29 所示。

在【添加目标】对话框中，勾选“SG 力（X）1”旁边的复选框，如图 9-30 所示。

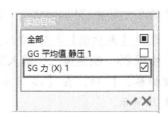

图 9-29　添加目标

图 9-30　指定目标

单击【确定】，关闭【添加目标】对话框。

**步骤 27　设计点**　单击【方案】选项卡，查看 12 个设计点或输入变量的组合，每个设计点都将计算出结果。当然，如果你的计算机能够提供足够的计算能力，可以通过设置【最大同步运行】数为 2 来加快求解，如图 9-31 所示。

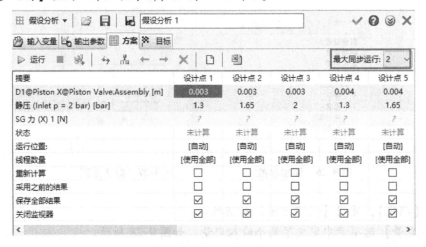

图 9-31　查看设计点

提示　可以通过单击【添加设计点】📇 来添加额外的设计点，或者通过右键单击相应的列并选择【删除设计点】来删除它。

**步骤28　运行研究（2）**　查看所有设计点并单击【运行】。

**步骤29　查看结果（2）**　对所有完成的设计点查看其结果，如图9-32所示。

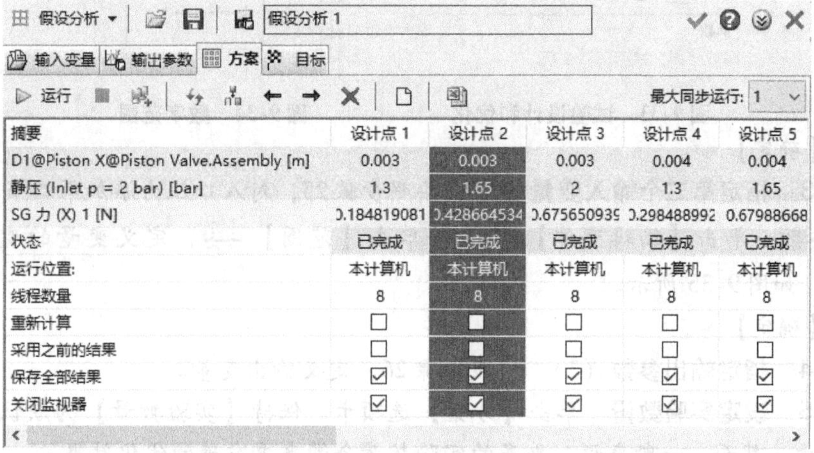

| 摘要 | 设计点1 | 设计点2 | 设计点3 | 设计点4 | 设计点5 |
|---|---|---|---|---|---|
| D1@Piston X@Piston Valve.Assembly [m] | 0.003 | 0.003 | 0.003 | 0.004 | 0.004 |
| 静压 (Inlet p = 2 bar) [bar] | 1.3 | 1.65 | 2 | 1.3 | 1.65 |
| SG 力 (X) 1 [N] | 0.184819081 | 0.428664534 | 0.675650939 | 0.298488992 | 0.67988668 |
| 状态 | 已完成 | 已完成 | 已完成 | 已完成 | 已完成 |
| 运行位置 | 本计算机 | 本计算机 | 本计算机 | 本计算机 | 本计算机 |
| 线程数量 | 8 | 8 | 8 | 8 | 8 |
| 重新计算 | ☐ | ☐ | ☐ | ☐ | ☐ |
| 采用之前的结果 | ☐ | ☐ | ☐ | ☐ | ☐ |
| 保存全部结果 | ☑ | ☑ | ☑ | ☑ | ☑ |
| 关闭监视器 | ☑ | ☑ | ☑ | ☑ | ☑ |

**图9-32　设计点结果**

在两个输入变量范围内，变化的活塞力的极值为0.74N和7.99N（对于整个活塞而言）。这些极值出现在设计点1和设计点12，但它们通常可能出现在任何一个被考虑的设计点。

单击【确定】✔，关闭假设分析窗口。

提示　每个设计点的结果都关联在保存的 Flow Simulation 项目中。用户可以激活其中的任何一个项目，加载其结果并进行分析。

## 9.6　第三部分：多参数优化

这里将定义"试验设计和优化"类型的参数研究。这可以让用户使用多个输入参数来优化设计。这个部分研究的目标是确定活塞的最佳位置。

**步骤30　新建参数研究**　右键单击【参数研究】文件夹（位于顶层项目树"Default"配置下方的研究"Piston"内），选择【新建】。

**步骤31　设置参数研究（3）**　在【输入变量】选项卡中，设置优化为【试验设计和优化】模式，如图9-33所示。

**步骤32　指定第一个输入变量（2）**　按照步骤10和步骤11的方法，单击控制活塞位置的尺寸配合"Piston X"，作为第一个输入变量的参数。定义变量范围为0.003～0.006m，如图9-34所示。

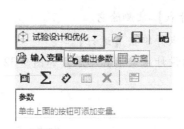

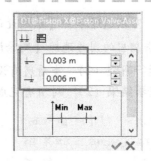

**图 9-33 试验设计和优化**　　　　　　**图 9-34 数字范围**

单击【确定】✔。

**步骤 33 指定第二个输入变量（2）** 按照步骤 25，对入口压力添加第二个输入变量。选择静压参数，单击【编辑变体】▦，并单击【范围】，定义变量的变化范围为 1.3~2bar，如图 9-35 所示。

单击【确定】✔。

**步骤 34 指定输出参数（3）** 按照步骤 26，定义输出变量。

**步骤 35 设定实验数量** 单击【方案】选项卡。保持【实验数量】为默认的 10，如图 9-36 所示。然而，一般来说，更多的实验数量会带来更准确的优化结果。

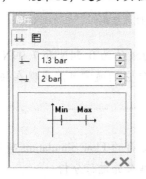

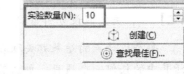

**图 9-35 输入压力变化范围**　　　　　　**图 9-36 实验数量**

单击【创建】，将自动创建好 10 个实验（设计点），如图 9-37 所示。

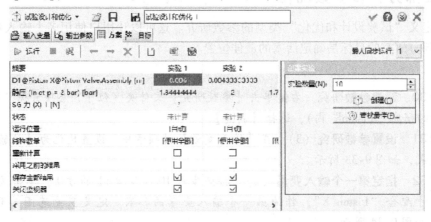

**图 9-37 创建实验**

**步骤 36　允许优化算例**　查看所有实验（设计点）并单击【运行】。

**步骤 37　查找最小值**　单击【查找最佳】，如图 9-38 所示。

为了找到最小的活塞力，保持【目标函数】为【最小化】，方程对应"SG 力（X）1"，如图 9-39 所示。

图 9-38　查找最佳

图 9-39　设置目标函数

> 提示　【方程】区域包含在【输出参数】选项卡（步骤 34）中定义的目标总和，在【目标函数】中分别指定了不同的权重。在这个优化算例中，只有一个输出参数（力目标），因此它的权重保持为默认的 1。

单击【添加最佳设计点】。

对应输出参数最小化的最佳设计点将被添加到实验列表中，如图 9-40 所示。

| 摘要 | 最佳 1 | 实验 2 | 实验 3 |
| --- | --- | --- | --- |
| D1@Piston X@Piston Valve.Assembly [m] | 0.003 | 0.006 | 0.00433333333 |
| 静压 (Inlet p=2bars) [bar] | 1.3 | 1.84444444 | 2 |
| SG 力 (X) 1 [N] | 0.126054011 | 1.67917372 | 1.2490028 |
| 状态 | 未计算 | 已完成 | 已完成 |
| 运行位置 | [自动] | 本计算机 | 本计算机 |
| 线程数量 | [使用全部] | 8 | 8 |
| 重新计算 | ☐ | ☐ | ☐ |
| 采用之前的结果 | ☐ | ☐ | ☐ |
| 保存全部结果 | ☑ | ☑ | ☑ |
| 关闭监视器 | ☑ | ☑ | ☑ |

图 9-40　添加最佳设计点（1）

在这个实例中，活塞力最小的地方发生在两个输入变量都在各自最小处，即 0.003m 和 1.3bar。一般来说，像这样的情况并不需要这样做，最小值有可能也发生在响应面的另一个位置。

**步骤 38　查找最大值**　为了查找活塞力的最大值，将【目标函数】更改为【最大化】，如图 9-41 所示。

图 9-41　最大化设置

179

单击【添加最佳设计点】。

对应输出参数最大化的最佳设计点将被添加到实验列表中，如图 9-42 所示。

| 摘要 | 最佳 1 | 最佳 2 | 实验 3 | 实验 4 |
|---|---|---|---|---|
| D1@Piston X@Piston Valve.Assembly [m] | 0.006 | 0.003 | 0.006 | 0.00433333333 |
| 静压 (Inlet p=2bars) [bar] | 2 | 1.3 | 1.84444444 | 2 |
| SG 力 (X) 1 [N] | 1.93246239 | 0.126054011 | 1.67917372 | 1.2490028 |
| 状态 | 未计算 | 未计算 | 已完成 | 已完成 |
| 运行位置: | [自动] | [自动] | 本计算机 | 本计算机 |
| 线程数量 | [使用全部] | [使用全部] | 8 | 8 |
| 重新计算 | ☐ | ☐ | ☐ | ☐ |
| 采用之前的结果 | ☐ | ☐ | ☐ | ☐ |
| 保存全部结果 | ☑ | ☑ | ☑ | ☑ |
| 关闭监视器 | ☑ | ☑ | ☑ | ☑ |

图 9-42　添加最佳设计点（2）

和活塞力最小的情况类似，最大的力发生在输入变量的极限处，分别对应 0.006m 和 2bar。

**步骤 39　查找特定值**　为了找到对应活塞力为 1.5N 的输入变量组合，将【目标函数】更改为【目标】，更改 "SG 力（X）1" 的【目标】为 1.5，如图 9-43 所示。

单击【添加最佳设计点】。

对应活塞力等于 1.5N 的最佳设计点将被添加到实验列表中，如图 9-44 所示。

图 9-43　目标设置

| 摘要 | 最佳 1 | 最佳 2 | 最佳 3 | 实验 4 |
|---|---|---|---|---|
| D1@Piston X@Piston Valve.Assembly [m] | 0.00518835558 | 0.006 | 0.003 | 0.006 |
| 静压 (Inlet p=2bars) [bar] | 1.93064856 | 2 | 1.3 | 1.8444444 |
| SG 力 (X) 1 [N] | 1.5 | 1.93246239 | 0.126054011 | 1.6791737 |
| 状态 | 未计算 | 未计算 | 未计算 | 已完成 |
| 运行位置: | [自动] | [自动] | [自动] | 本计算机 |
| 线程数量 | [使用全部] | [使用全部] | [使用全部] | 8 |
| 重新计算 | ☐ | ☐ | ☐ | ☐ |
| 采用之前的结果 | ☐ | ☐ | ☐ | ☐ |
| 保存全部结果 | ☑ | ☑ | ☑ | ☑ |
| 关闭监视器 | ☑ | ☑ | ☑ | ☑ |

图 9-44　添加最佳设计点（3）

1.5N 的活塞力发生时，活塞位于 5.7mm 处，对应的入口压力为 1.86bar。这个结果非常接近从【目标优化】算例（步骤 17）中得到的结果。在之前得到的结果中，活塞的较低位置是 4.9mm，产生力的值也较小，即 1.36N，但仍然符合该参数研究的公差。

**提示**　目标优化算例是将入口压力固定在 2bar 的数值，而试验设计和优化算例是压力在 1.3~2bar 范围内变化。因此上面讨论的这两个算例并不是仿真的同一个问题。

单击【确定】，关闭参数研究窗口。

> **提示** 　　每个最佳设计点（见步骤 18）都可以创建项目。然而，由于最佳设计点来自对响应面的分析，如果要查看这些最佳设计点的结果，必须首先求解这些项目。
>
> **步骤 40　保存并关闭该零件**

## 9.7 总结

本章学习了如何使用参数研究特征来进行优化。参数研究可以定义为三种模式：目标优化、假设分析、试验设计和优化。

目标优化（单个变量的设计方案）：使用正割法来表现一维优化。当计算值不在输出变量设计范围内，或当满足最大迭代数量时，Flow Simulation 使用调整的输入变量来计算问题。

假设分析（多个变量的设计方案）：参数研究允许用户定义多个输入变量及其范围。然后，在每个输入变量的组合下，Flow Simulation 都将计算一系列的结果值。在这种方式下，用户可以研究这些结果值所对应的趋势。

试验设计和优化（多参数优化）：允许用户定义多个参数和目标。参数研究接下来会计算一系列试验（设计点）形成一个响应面。然后从这个响应面可以获得一个请求的最佳设计点（最小值、最大值或一个特定值）。

输入参数可能包含输入变量（常规设置、网格设置、边界条件）、模型尺寸和设计表参数。输出变量可以是任何已经定义好的项目目标。

对所有计算的项目都将保存结果，然后可以在后期激活并进行后处理。

### 练习　几何相关的变量求解

在本练习中，需要分析一个安全阀装置，如图 9-45 所示。该模型的特征与流动结果和阀体位置相关。

本练习将应用以下技术：

* 参数研究。

**1. 项目描述**　图 9-45 所示的安全阀突出了一个加压弹簧活塞。为了打开阀门，也就是将活塞上移，需要保证一定数量的流体流动。考虑质量流量为 1kg/s，这个入口流量足够可以打开阀体。为了正确地求解此问题，用户需要使用参数研究并构建合适的网格，特别是在活塞附近。

在完全关闭的位置，弹簧被压缩 3mm，如图 9-46 所示。活塞最大限度打开时为 30mm。

弹簧产生的力可以使用下面的非线性方程式表达

$$F = 7708.2 \times (\text{compression})^2 + 2$$

活塞的正确位置大致位于零部件 "Sitz_SV" 上方 7 ~ 16mm 处。

> **提示** 　　图 9-47 显示了控制活塞位置的尺寸（在图中，活塞打开了 2mm）。

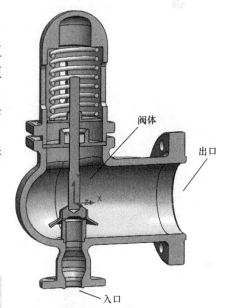

**图 9-45　安全阀**

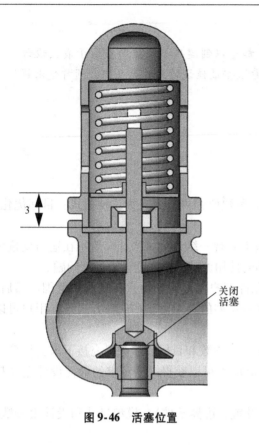

关闭
活塞

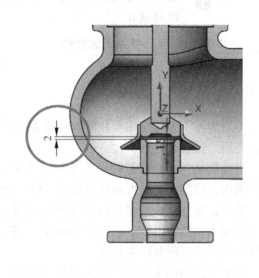

图 9-46  活塞位置 　　　　　　　　　　　　图 9-47  控制尺寸

**2. 边界条件**　水的入口质量流量为 1kg/s，出口指定环境压力的边界条件。在 Lesson09\Ex-ercises 文件夹下打开装配体文件 "Safety valve"，对阀门装置划分网格并求解流动仿真，并找到打开阀体的正确位置。

提示　　使用局部初始网格，在阀体附近生成最佳的网格。

# 第10章 自　由　面

- 熟悉自由面问题
- 对自由面模型定义正确的边界条件
- 显示自由面结果

## 10.1　实例分析：水罐

本章将讲解水的自由流动（通常称为自由面）。首先介绍自由面的流动类型，然后使用切面图和等值面进行后处理。

## 10.2　项目描述

本章将分析运输中装满部分水的水罐。由于卡车的加速、减速或转弯，水罐会受到由水运动而产生的显著影响。为了消耗流动液体的能量，在罐内放置了各种穿孔屏障（这些屏障不是本章模拟的内容）。为了模拟卡车的加速度和罐壁上水体的相应载荷，会给水施加初始速度。这会在水中产生类似波浪的作用，当它到达水罐的背面时会来回弹跳，如图10-1所示。此外，为了保证结果的质量，还将使用网格控制。

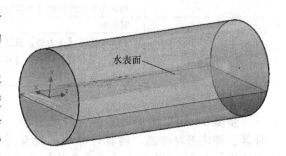

水表面

图10-1　水罐中的水

## 10.3　自由面概述

Flow Simulation 支持通过自由面来仿真两种不相溶的流体。在两者都为液体的情况下，如果它们彼此之间完全无法溶解，则称之为不互溶流体。自由面就是不互溶流体之间的一个分界面，例如，在液体和气体之间就存在这样的分界面。在这个仿真中，需要考虑水和空气之间的自由面。

然而，在不互溶流体分界面上，不考虑任何相变（如湿度、冷凝、气穴）、旋转、表面张力和附面层。

## 10.4　流体体积（VOF）

流体体积（Volume of Fluid，VOF）为目标流体的体积与网格体积的比值。在 Flow Simulation 中，通过求解一组动量方程并追踪整个域中每种流体的体积分量，使用流体体积（VOF）法来计算自由面。

VOF 法是基于流体体积分量的假设，分量的值必须在 0 和 1 之间。在一个两相系统中，充满液体的网格单元的流体体积分量为 1，而充满气体的网格单元的流体体积分量为 0。自由面上的流体体积分量则在 0 和 1 之间变化。

扫码看视频

## 操作步骤

**步骤1　打开装配体文件**　从 Lesson10 \ Case Study 文件夹内打开"Tank"装配体。

**步骤2　创建项目**　使用【向导】创建一个新的项目。项目设置见表 10-1。

表 10-1　项目设置

| 选　项 | 设　置 |
|---|---|
| 配置名称 | 使用当前的 Full |
| 项目名称 | Partially filled |
| 单位系统 | SI（m-kg-s） |
| 分析类型 | 内部 |
| 物理特征 | 选择【瞬态分析】。在【分析总时间】中输入 5s，保留【输出时间步长】为默认值 0，后续将设置此值。勾选【重力】复选框，在这个分析中，正确的方向是【Y 方向分量】，对应的数值为 -9.81m/s$^2$<br>选择【自由面】 |
| 默认流体 | 在【气体】列表中双击【空气】<br>在【液体】列表中双击【水】<br>确认在默认流体的【不溶混混合物】中两者都被选中 |
| 壁面条件 | 默认值 |
| 初始条件 | 确保勾选了【压力势】复选框，在【浓度】下指定了【空气】<br>在【湍流参数】中，将【湍流强度】和【湍流长度】分别设定为 2% 和 0.027m<br>其余设置都保持默认值 |

单击【完成】。

**步骤3　定义流动对称条件和域大小**　为了简化计算，将使用对称性。编辑计算域，设置【X 轴负方向边界】为 0m，并定义【边界条件】为【对称】，如图 10-2 所示。单击【确定】 ✓。

**步骤4　设置初始全局网格参数**　右键单击【全局网格】，选择【编辑定义】。【类型】保持为【自动】，将【初始网格的级别】设置为 4。单击【确定】。

**步骤5　设置初始局部网格**　右键单击【网格】，选择【插入局部网格】。在【选择】中选择"Water body"零件的顶部表面，如图 10-3 所示。在【细化网格】中，将【细化流体网格的级别】设置为 3，将【流体/固体边界处的网格细化级别】设置为 4。其余参数保持为默认值，单击【确定】。

**步骤6　设置入口和出口边界条件**　水罐本身没有水可以进入和离开计算域的入口和出口，但 Flow Simulation 需要在项目中设置入口和出口才能解决问题。因此，必须定义一组非常小的入口和出口。在水罐两侧的两个小盖子上定义两个【环境压力】的【压力开口】，如图 10-4 所示。

图 10-2　定义流动对称条件和域大小

184

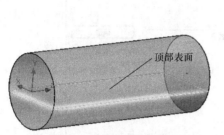

图 10-3　选择顶部表面

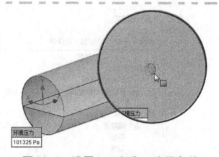

图 10-4　设置入口和出口边界条件

提示 👉　　两个压力开口很小，并且外部压力相等。因此它们对解决方案的影响可以忽略不计。

| 知识卡片 | 初始条件 | 问题的全局初始条件是在使用项目向导创建流体项目时定义的。如果需要在局部调整初始条件，则需要使用【输入数据】下的【初始条件】PropertyManager。 |
|---|---|---|
| | 操作方法 | • 快捷菜单：在 Flow Simulation 分析树中右键单击【初始条件】，并选择【插入初始条件】。<br>• CommandManager：【Flow Simulation】/【Flow Simulation 特征】/【初始条件】🗂。<br>• 菜单：【工具】/【Flow Simulation】/【插入】/【初始条件】🗂。 |

**步骤7　设置初始条件**　右键单击项目名称"Partially filled"，并使用【自定义树】选项添加【初始条件】文件夹。右键单击【初始条件】文件夹，并选择【插入初始条件】。在【选择】中，选择"Water body"零件作为【可应用初始条件的组件/面】。确保勾选【禁用固体组件】复选框。在【物质浓度】中选择【水】，在【流动参数】的【Z方向的速度】中输入 0.5m/s。其余参数保持为默认值，如图 10-5 所示，单击【确定】✔。

**步骤8　设置细化参数**　在 Flow Simulation 分析树中右键单击【输入数据】，并选择【计算控制选项】。单击【细化】选项卡，为【局部网格1】设置【级别=2】。在【细化设置】中，将【近似最大网格】设置为1000000。单击【确定】。

• **瞬态浏览器**　在将模拟研究指定为瞬态分析后，可使用【瞬态浏览器】工具快速动画演示以时间作为函数的瞬态结果。

• **激活瞬态浏览器**　右键单击【输入数据】，并单击【计算控制选项】来激活【瞬态浏览器】。

图 10-5　设置初始条件

• **使用瞬态浏览器动画演示结果**【开始】的默认设置为0，表示【瞬态浏览器】工具将保存第一次迭代的结果。【周期】的默认设置为1，表示【瞬态浏览器】工具将在每次迭代时保存结果。增加【周期】的值会减少将要保存数据点的量。【参数】设置用于选择将在动画结果图中使用的参数数量，如图 10-6 所示。

185

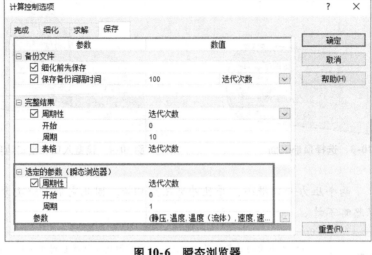

图 10-6　瞬态浏览器

| 瞬态浏览器 | • 快捷菜单：在 Flow Simulation 分析树中右键单击【输入数据】，并选择【计算控制选项】，单击【保存】选项卡。<br>• CommandManager：【Flow Simulation】／【计算控制选项】／【保存】选项卡。<br>• 菜单：【工具】／【Flow Simulation】／【计算控制选项】／【保存】选项卡。 |
|---|---|

**步骤 9　设置保存选项**　在【计算控制选项】窗口中单击【保存】选项卡。在【完整结果】中，勾选【周期性】复选框，并保持【迭代次数】。保持【开始】为 0 和【周期】为 10（每 10 次迭代的结果将被保存）。在【选定的参数（瞬态浏览器）】中，勾选【周期性】复选框，【数值】将默认设置为【迭代次数】。保持【开始】为 0 和【周期】为 1（每次迭代的结果将被保存）。展开【参数】列表，在【主要参数】中勾选【质量分量 水】、【静压】、【速度】和【体积分量 水】复选框，如图 10-7 所示。单击【确定】。

186

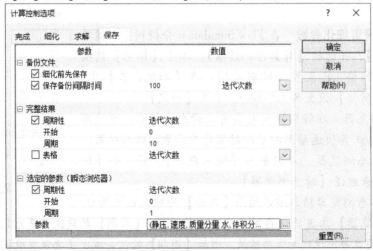

图 10-7　设置保存选项

**步骤 10　运行项目**　此算例大约需要运行5min。

**步骤 11　加载结果**　结果将自动加载。如果没有，右键单击【结果】文件夹并选择【加载】。

**步骤 12　对【体积分量 水】的切面图进行动画演示**　在切面图激活的状态下，右键单击【结果】文件夹并单击【瞬时浏览器】，将鼠标指针移动到时间线上，如图10-8所示。单击【播放】，时间动画将开始播放。要停止动画，请右键单击【结果】文件夹并单击【瞬态浏览器】。

图 10-8　查看切面图

**步骤 13　隐藏切面图**　隐藏之前创建的【体积分量 水】的"切面图1"。

**步骤 14　创建水表面的等值面**　右键单击【等值面】并选择【插入】。在【参数】下面选择【体积分量 水】，保持【定义】为【逐个】。在【数值1】中输入0.5。在【外观】中选择【固定颜色】作为【颜色标准】，将【图透明度】设置为0.4。单击【颜色】 ▣ ，为水选择一种合适的颜色，如图10-9所示。单击【确定】 ✔ 。

**步骤 15　动画演示水表面的等值面**　右键单击"等值面1"，并单击【动画】，如图10-10所示。

按照"4.11 时间动画"中的步骤16~22，创建水表面运动的瞬态动画，如图10-11所示。

187

图 10-9　创建水表面的等值面

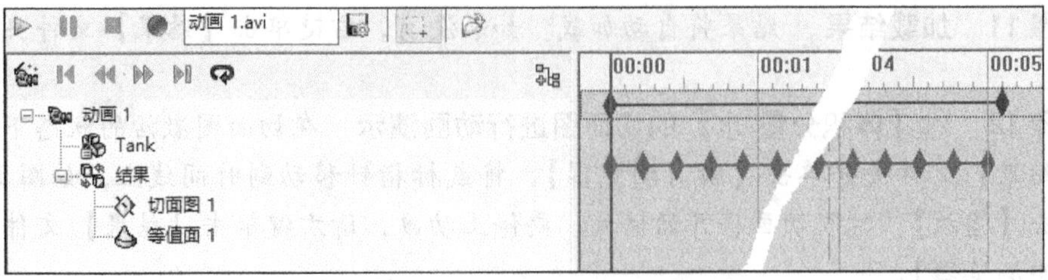

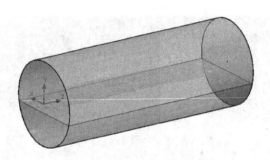

图 10-10　动画演示水表面的等值面

图 10-11　水表面运动的瞬态动画

## 10.5　总结

在本章中，使用自由面选项来求解安装在运输卡车上的未装满水的水罐中水的运动。随着卡车的加速、减速和转弯，水罐壁可能会受到很大的力。通过将初始速度条件应用于水体来模拟卡车的加速度。

之后使用【瞬态浏览器】对水的体积分量切面图进行了动画处理，也使用等值面绘制了水表面并设置其动画。

### 练习 10-1　喷水器

在本练习中，将运行一个包括射流的自由面分析。

本练习将应用以下技术：

- 自由面。
- 工程目标。

**1. 项目描述**　本练习将模拟 2D 喷水器以 4m/s 的速度，沿着与水平面呈 60°夹角的方向喷水。本练习的目的是捕捉喷射水流的轨迹，并和理论结果进行比对。本问题将以 2D 外流进行求解，其中包含伸入计算域的喷头，如图 10-12 所示。

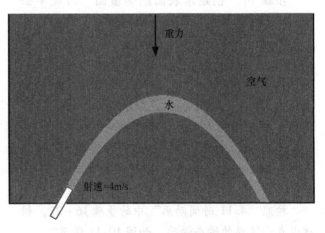

图 10-12　喷水器模型

## 操作步骤

**步骤1 打开零件文件** 在 Lesson10\Exercises\2D FJet 文件夹下打开文件 "2D FJet"。

**步骤2 新建项目** 使用【向导】，按照表 10-2 的属性新建一个项目。

表 10-2 项目设置

| 选 项 | 设 置 |
|---|---|
| 配置名称 | 使用当前的 Default |
| 项目名称 | Jet |
| 单位系统 | SI（m-kg-s） |
| 分析类型<br>物理特征 | 外部<br>选择【瞬态分析】。在【分析总时间】中输入 10s<br>勾选【重力】复选框。在这个分析中，正确的方向是【Y 方向分量】，对应的数值为 −9.81m/s²<br>选择【自由面】 |
| 默认流体 | 在【气体】列表中双击【空气】<br>在【液体】列表中双击【水】<br>确认在默认流体的【不溶混混合物】中两者都被选中 |
| 壁面条件 | 默认条件 |
| 初始条件 | 确保勾选了【压力势】和【参考原点】两个复选框，在【浓度】下指定【空气】<br>在【湍流参数】中，将【湍流强度】和【湍流长度】分别设定为 2% 和 0.0002m<br>其余设置都保持默认值 |

单击【完成】。

**步骤3 定义流动对称条件和域的大小** 编辑计算域，在【类型】选项组中单击【2D 模拟】，选择【XY 平面】。

在计算域的【大小和条件】选项组中，输入表 10-3 中对应的尺寸。

表 10-3 计算域的大小

| 选项 | 大小/m | 选项 | 大小/m |
|---|---|---|---|
| X$_{最大值}$ | 1.8 | Y$_{最小值}$ | −0.1 |
| X$_{最小值}$ | −0.5 | Z$_{最大值}$ | 0.002 |
| Y$_{最大值}$ | 1.3 | Z$_{最小值}$ | −0.002 |

**步骤4 设置初始全局网格** 右键单击【全局网格】并选择【编辑定义】，选择【手动】设置。

在【基础网格】选项组中，输入下列网格数：

X 方向网格数：124。

Y 方向网格数：67。

确认【保持纵横比】被选中。其他所有网格设置都不做改变。确认【通道】、【高级细化】、【封闭细孔缝】、【显示细化等级】都未被选中。单击【确定】。

189

**步骤5    定义局部网格控制**    右键单击【网格】并选择【插入局部网格】。

在【选择】下方，选择喷嘴的出口面，如图 10-13 所示。展开【细化网格】，将【细化流体网格的级别】和【流体/固体边界处的网格细化级别】都设定为 2。单击【确定】。

其他所有局部网格设置都不做改变。确认【等距细化】、【通道】、【高级细化】、【封闭细孔缝】和【显示细化等级】都未被选中。单击【确定】。

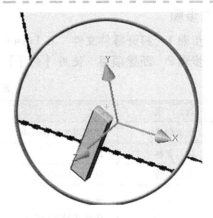

图 10-13    选择出口面

**步骤6    设置入口边界条件**    在上一步中已经定义了局部网格控制，现在对同一个出口面定义【入口速度】。

在【垂直于面】的方向中输入 4m/s，在【物质浓度】下方选择【水】，单击【确定】。

**步骤7    定义全局目标**    对【静压】、【温度（流体）】、【速度】、【速度（X）】和【速度（Y）】定义【最小值】和【最大值】的目标。为【湍流黏度】定义【平均值】和【最小值】的目标，为【质量水】定义【平均值】的目标。

**步骤8    设置计算时间步长**    在 Flow Simulation 分析树中，右键单击【输入数据】并选择【计算控制选项】。单击【求解】选项卡。在【时间步长设置】下方，将【时间步长】选项更改为【手动】，输入 0.02s。

**步骤9    设置保存选项**    在【计算控制选项】窗口中单击【保存】选项卡。

在【选定参数（瞬态浏览器）】下方勾选【周期性】复选框。【数值】下方的【迭代次数】将自动设置默认值。

保留【周期性】下的【开始】为 0，【周期】为 1（即所有迭代的结果都将保存）。

展开【参数】列表。在【主要参数】文件夹下，勾选【体积分量 水】、【质量分量 水】、【速度】和【静压】复选框。

单击【确定】。

**步骤10    运行项目**    算例大约在几分钟内完成。

**步骤11    加载结果**    计算结果将自动加载。如果没有，请右键单击【结果】文件夹，然后选择【加载】。

**步骤12    生成体积分量水的切面图**    右键单击【切面图】，选择【插入】，选择【体积分量水】。使用 "Front plane" 为切面。将【级别数】的值减小到 3。单击【确定】，显示该切面图，如图 10-14 所示。

切面图中的蓝色区域代表空气，红色区域代表水。

**步骤13    动画显示体积分量水的切面图**    在切面图激活的状态下，右键单击【结果】文件夹，选择【瞬态浏览器】。将鼠标指针移至时间轴上方，单击【播放】。

190

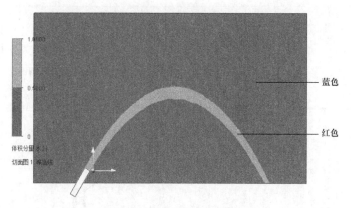

**图 10-14　体积分量水切面图**

**步骤 14　在竖直平面创建 XY 图**　右键单击【XY 图】，然后单击【插入】。在【选择】中使用 "Sketch8"，选择【体积分量 水】作为【参数】。将结果导出到 Excel，如图 10-15 所示。

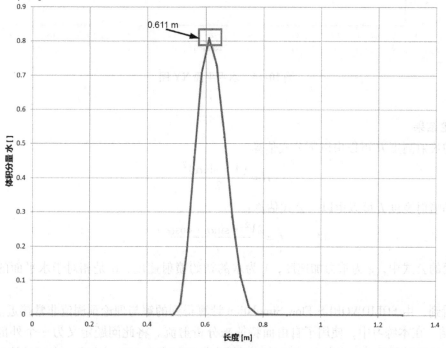

**图 10-15　竖直平面 XY 图**

将鼠标指针悬停在峰值点位置，可以看到射流最高点大约在 0.611m 的位置。这与理论值 0.612m 非常接近。

**步骤 15　在水平平面创建 XY 图**　右键单击【XY 图】，然后单击【插入】。在【选择】中使用 "Sketch4"，选择【体积分量 水】作为【参数】。将结果导出到 Excel，如图 10-16 所示。

将鼠标指针悬停在峰值点位置，可以看到射流的宽度大约为 1.426m。这与理论值 1.424m 非常接近。

191

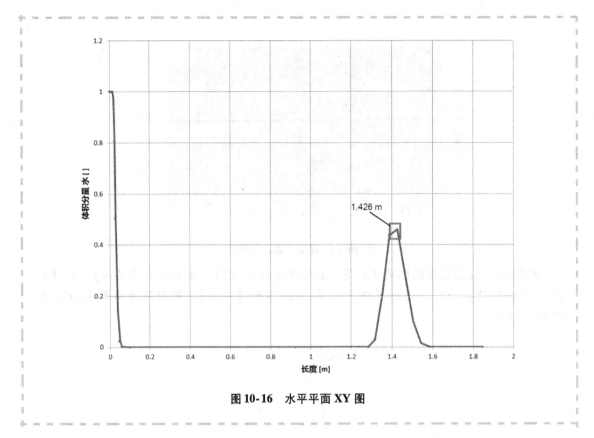

图 10-16　水平平面 XY 图

**2. 理论结果**

射流的喷射高度 H 可以由以下公式估算：

$$H = \frac{(V \cdot \sin\alpha)^2}{2g}$$

射流的喷射宽度 L 可以由以下公式估算：

$$L = \frac{2V^2 \cdot \sin\alpha \cdot \cos\alpha}{g}$$

在上面的公式中，g 为重力加速度，V 为水的初始喷射速度，α 是相对于水平面的喷射倾斜角度。

可以看到，由 SOLIDWORKS Flow Simulation 计算得到的解与理论预测值非常接近。

**3. 总结**　在本练习中，使用了自由面特征来分析射流。将此问题定义为一个外部分析，其中包含伸入计算域的喷头。分析的目的是得到射流的喷射高度和喷射宽度。在两种情况下，得到的数值结果与理论解非常接近。

此外还使用了瞬态浏览器，对体积分量水的切面图进行了动画显示。

**练习 10-2　溃坝流动**

在本练习中，将对溃坝流动进行自由面分析。

本练习将应用以下技术：

- 自由面。
- 工程目标。

**1. 项目描述**　本练习将研究在重力的作用下，两个竖直隔离墙之间水的流体静力学平衡问题，如图 10-17 所示。当阻挡水体的右侧墙（水坝）被移走时，水将自由涌入容器的空白区域。当水抵达容器的远侧时，由于受到反弹的作用力而产生回波。

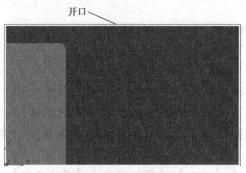

开口

**图 10-17　溃坝流动模型**

## 操作步骤

**步骤 1　打开零件文件**　在 Lesson10\Exercises/2D – broken – dam 文件夹下打开文件 "2D- broken- dam"。

**步骤 2　新建项目**　使用【向导】，参照表 10-4 的属性新建一个项目。

**表 10-4　项目设置**

| 选　项 | 设　　置 |
|---|---|
| 配置名称 | 使用当前的 Default |
| 项目名称 | Broken dam |
| 单位系统 | SI（m- kg- s） |
| 分析类型<br>物理特征 | 外部<br>选择【瞬态分析】。在【分析总时间】中输入 1.5s。保留【输出时间步长】为默认的 0，后续再设定这个数值。勾选【重力】复选框。在这个分析中，正确的方向是【Y 方向分量】，对应的数值为 $-9.81\text{m/s}^2$<br>选择【自由面】 |
| 默认流体 | 在【气体】列表中双击【空气】<br>在【液体】列表中双击【水】<br>确认在默认流体的【不溶混混合物】中两者都被选中 |
| 壁面条件 | 默认条件 |
| 初始条件 | 确保勾选了【压力势】复选框，在【浓度】下指定【空气】<br>在【湍流参数】中，将【湍流强度】和【湍流长度】分别设定为 2% 和 0.0005m<br>其余设置都保持默认值 |

单击【完成】。

**步骤 3　定义流动对称条件和域的大小**　编辑计算域，在【类型】选项组中单击【2D 模拟】，选择【XY 平面】。

在计算域的【大小和条件】选项组中，输入表 10-5 对应的尺寸。

**表 10-5　计算域的大小**

| 选项 | 大小/m | 选项 | 大小/m |
|---|---|---|---|
| $X_{最大值}$ | 1.21 | $Y_{最小值}$ | -0.01 |
| $X_{最小值}$ | -0.01 | $Z_{最大值}$ | 0.005 |
| $Y_{最大值}$ | 0.71 | $Z_{最小值}$ | -0.005 |

193

**步骤4 设置初始全局网格** 右键单击【全局网格】并选择【编辑定义】，选择【手动】设置。

在【基础网格】选项组中，输入下列网格数：

X 方向网格数：80。

Y 方向网格数：44。

确认【保持纵横比】未被选中。其他所有网格设置都不做改变。确认【通道】、【高级细化】、【封闭细孔缝】、【显示细化等级】都未被选中。单击【确定】。

**步骤5 设置出口边界条件** 在 Flow Simulation 分析树中，右键单击【边界条件】并选择【插入边界条件】。

选择计算域的顶面，在【类型】选项组中单击【压力开口】并选择【环境压力】，如图 10-18 所示。

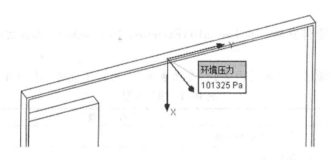

**图 10-18 设置出口边界条件**

对于这个问题而言，接受默认的出口环境压力 101325Pa 和温度 293.2K。其余选项保持其默认值，并单击【确定】。

**步骤6 设置初始条件** 在 Flow Simulation 分析树中，右键单击【初始条件】并单击【插入初始条件】。

在【选择】选项组中，单击实体"WaterDomain"。确认【禁用固体组件】复选框已勾选。在【物质浓度】中选择【水】，如图 10-19 所示。保持其余参数为默认值，单击【确定】。

**步骤7 为密度（流体）插入点目标** 在 Flow Simulation 分析树中，右键单击【目标】并单击【插入点目标】。在【点】选项组中单击【坐标】。在【X 坐标】、【Y 坐标】和【Z 坐标】中分别输入 0.45m、0.01m 和 0m。单击【添加点】。

参照以上方法添加更多的点：[0.6, 0.01, 0]，[0.75, 0.01, 0]，[0.9, 0.01, 0]，[1.05, 0.01, 0]，[1.19, 0.01, 0]。

如图 10-20 所示，在【参数】中，勾选【密度（流体）】的【数值】复选框，单击【确定】。

**步骤8 设置计算时间步长** 在 Flow Simulation 分析树中，右键单击【输入数据】并选择【计算控制选项】。单击【求解】选项卡。在【时间步长设置】下方，将【时间步长】选项更改为【手动】，输入 0.005s。

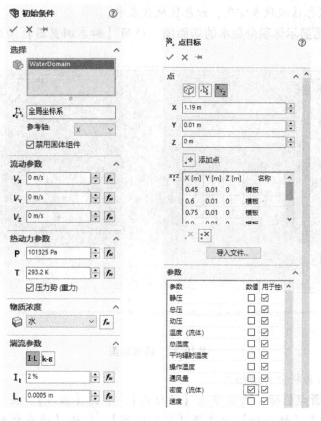

图 10-19　设置初始条件　　　图 10-20　插入点目标

**步骤 9　设置保存选项**　在【计算控制选项】窗口中单击【保存】选项卡。

在【选定参数（瞬态浏览器）】下方，勾选【周期性】复选框。【数值】下方的【迭代次数】将自动设置默认值。

保留【周期性】下的【开始】为 0（即所有迭代的结果都将保存）。

展开【参数】列表。在【主要参数】文件夹下，勾选【体积分量 水】、【质量分量 水】、【速度】和【静压】复选框。

单击【确定】。

**步骤 10　运行项目**　算例大约在几分钟内完成。

**步骤 11　加载结果**　计算结果将自动加载。如果没有，请右键单击【结果】文件夹，然后选择【加载】。

**步骤 12　生成体积分量水的切面图**　右键单击【切面图】，选择【插入】，选择【体积分量 水】。使用 "Front plane" 为切面。将【级别数】的值减小到 3。单击【确定】，显示该切面图，如图 10-21 所示。

图 10-21　体积分量水切面图

蓝色

红色

195

切面图中的蓝色区域代表空气，红色区域代表水。

**步骤 13　动画显示体积分量水的切面图**　使用【瞬态浏览器】动画显示切面图，如图 10-22 所示。

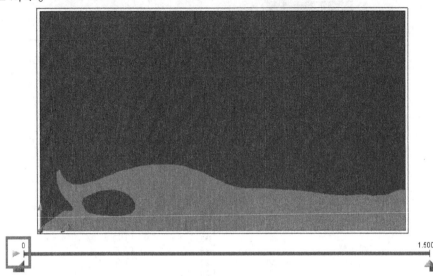

图 10-22　播放动画

基于时间的动画将会自动播放。

**步骤 14　查看点目标**　右键单击【目标图】，单击【插入】。在【目标】下方勾选【全部】复选框，在【横坐标】中选择【物理时间】。勾选【按参数对图表分组】复选框。单击【导出到 Excel】。

分析每个瞬态图，观察点目标位置随时间变化的【密度（流体）】。如图 10-23 所示，棕色曲线显示了最初靠近坐标 [0.45, 0.01, 0] 的水体点的变化。最靠前的水体大约在 0.087s 处抵达了这个位置。

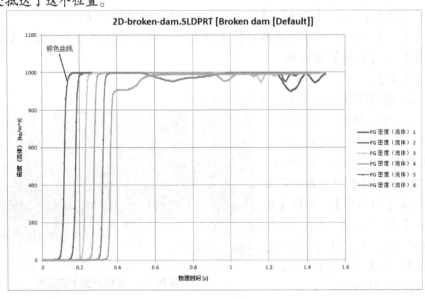

图 10-23　目标图

- **实验数据** 此问题的实验数据也可以获得。如图 10-24 所示为它的初始状态。

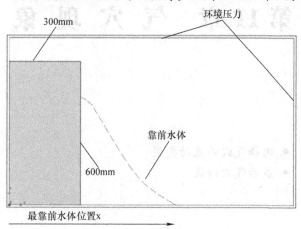

**图 10-24 靠前水体初始状态**

水利工程和海洋工程非常关心最靠前沿的位置。如图 10-25 所示为实验数据和仿真结果的对比。

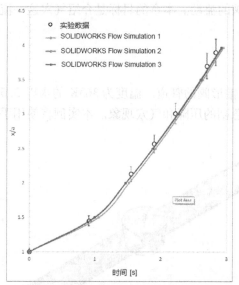

**图 10-25 实验数据与仿真结果对比**

对于同样的问题，使用各种网格细化设置得到了多个 SOLIDWORKS Flow Simulation 的仿真结果。可以得到的结论是，多个仿真结果都完美匹配了实验数据。

**2. 总结** 在本练习中使用了自由面选项来求解溃坝问题。水体最初约束在左侧的区域，当突然释放时，水体将流入容器的空白区域。

此外还使用了瞬态浏览器，对体积分量水的切面图进行了动画显示。

# 第11章 气穴现象

## 学习目标

- 选择气穴的流动类型
- 显示气穴结果

## 11.1 实例分析：锥形阀

本章将讨论水通过锥形阀的流动。本章的目标是介绍气穴这一流动类型选项。另外还将使用切面图进行结果后处理。

## 11.2 项目描述

图11-1所示为一个带有锥形阀的管道。温度为363K的水以3.5m/s的速度流过管道，水流在阀门处被阻断，并引发了急剧的压降和气穴现象。本实例将使用手动全局网格控制来确保结果的质量。

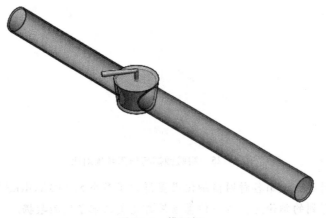

图11-1 锥形阀

## 11.3 气穴现象概述

对主要工作流体为液态的多数工程设备而言，气穴现象是一个普遍问题。气穴现象的有害影响包括：降低效率、载荷不对称、叶片表面腐蚀及侵蚀、振动及噪声、缩短整机寿命。如今使用的气穴模型涵盖广泛，包括从非常粗糙的方法到非常复杂的气泡动力模型。气泡的产生、成长、爆裂等详细信息对预判固体表面腐蚀而言是非常重要的，但对评估泵、阀或其他设备的效率而言则是没有必要的。

在 SOLIDWORKS Flow Simulation 中，采用了一个气穴的工程模型来预测工业流体中发生气穴的范围，以及气穴对设备效率的影响。

## 操作步骤

**步骤1　打开装配体文件**　在 Lesson11\Case Study 文件夹下打开文件"01- cone valve"。

**步骤2　新建项目**　使用【向导】，按照表 11-1 的设置新建一个项目。

扫码看视频

**表 11-1　项目设置**

| 选　　项 | 设　　置 |
|---|---|
| 配置名称 | 使用当前的 55deg |
| 项目名称 | Cavitation |
| 单位系统 | SI(m- kg- s) |
| 分析类型 | 内部 |
| 默认流体 | 在【液体】列表中双击【水】<br>在【流动特征】下勾选【空化】复选框 |
| 壁面条件 | 默认值 |
| 初始条件 | 默认值，在【温度】中输入 363.15K |

单击【完成】。

**步骤3　初始全局网格设置**　在 Flow Simulation 分析树中，右键单击【全局网格】并选择【编辑定义】，指定【手动】设置。

在【基础网格】中，按照下列数值修改单元数量：

X 方向网格数：112。

Y 方向网格数：1。

Z 方向网格数：12。

在【细化网格】中，【细化流体网格的级别】和【流体/固体边界处的网格细化级别】都设置为 1。

在【通道】中，【跨通道网格特征数】设置为 7，保留【最大通道细化级别】为 1。

在【高级细化】中，【细小固体特征细化级别】设置为 5。

单击【确定】。

**步骤4　设置入口边界条件**　在 Flow Simulation 分析树中，右键单击【边界条件】，选择【插入边界条件】。

在较短一侧的末端（图 11-2），选择入口封盖的内侧表面。在【类型】选项组中单击【流动开口】，选择【入口速度】。在【流动参数】选项组中，单击【垂直于面】，并输入数值 3.5m/s。单击【确定】。

**步骤5　设置出口边界条件**　在 Flow Simulation 分析树中，右键单击【边界条件】，选择【插入边界条件】。

在较长一侧的末端（图 11-3），选择出口封盖的内侧表面。在【类型】选项组中单击【压力开口】，选择【静压】。

199

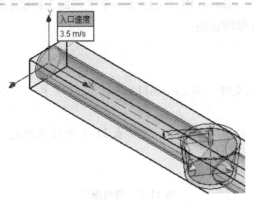

**图 11-2    设置入口边界条件**

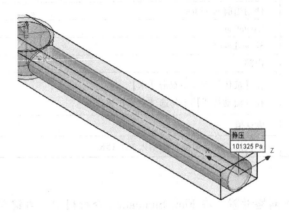

**图 11-3    设置出口边界条件**

默认的热动力参数【静压】为 101325Pa、【温度】为 363.15K，是适用于这个问题的。单击【确定】 ✔。

**步骤 6　插入密度全局目标**　右键单击【输入数据】下的【目标】，选择【插入全局目标】。

在【参数】选项组中，分别勾选【密度（流体）】对应的【平均值】和【最小值】复选框。

单击【确定】 ✔。

**步骤 7　运行项目**　现在，可以开始运算这个仿真。由于时间的关系，已经提前计算好分析的结果，将用此结果来进行后处理。

**步骤 8　激活项目**　在 SOLIDWORKS Flow Simulation Ready to Run \ Lesson11 \ Case Study 中打开文件，并激活项目 "Completed"。

**步骤 9　加载结果**　右键单击【结果】文件夹并选择【加载】。

**步骤 10　生成切面图**　选择 Top 基准面作为切分基准面。在【等高线】选项组中选择【密度（流体）】，并将【级别数】提高到 100。

单击【确定】，显示切面图，如图 11-4 所示。

切面图中的蓝色区域表示密度非常低的区域，这也意味着气穴发生在这些区域中。

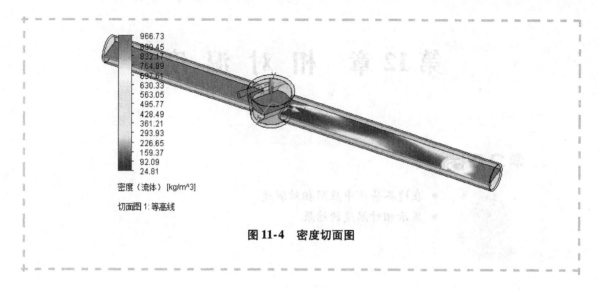

图 11-4　密度切面图

## 11.4　讨论

为了研究气穴的影响，在实例中使用了密度的切面图，也可以使用水汽质量分量或水汽体积分量的切面图来观察气穴发生的位置。请注意模型并没有描述单个气泡的特性。

在计算过程中，气穴的面积增长缓慢，而且在气穴面积完全发展之前，计算有随时终止的风险。为了阻止这种情况的发生，可以指定平均密度的一个全局目标，并将此目标用于收敛控制。此外还可以调整计算控制选项，以保证计算能够运算更长时间。

## 11.5　总结

在本章中使用了气穴选项来求解水流过阀门的气穴现象，通过显示密度的切面图来评估气穴现象。低密度区域代表气穴现象并形成水蒸气。在评估气穴现象时，还可以使用水汽体积分量的图解。

# 第12章　相对湿度

学习目标

- 在边界条件中应用相对湿度
- 显示相对湿度的结果

## 12.1　概述

相对湿度是指在当前空气中存在的水蒸气质量与相同压力和温度下对应的饱和状态时水蒸气质量的比值。相对湿度允许用户指定气体或混合气体中是否存在水蒸气。在 Flow Simulation 的项目中不能直接指定水蒸气，而是通过在初始或边界条件中指定相对湿度。

## 12.2　实例分析：烹饪房

在本章中，需要在边界条件中应用湿度参数，来模拟以气体形式存在的水蒸气，以及如何对这类分析结果进行后处理。

## 12.3　项目描述

烹饪房的内部环境是由中央系统控制的，在房间背面靠顶部的排放口将吹出湿热的空气。在靠近天花板的房间两侧各有一个出口，其中一个出口带有排气扇，以指定的恒定流速将空气抽出；另外一个出口不带风扇，直接与环境大气相通，如图 12-1 所示。

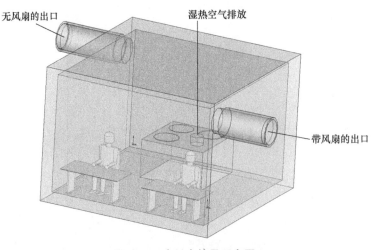

图 12-1　烹饪房简易示意图

## 操作步骤

**步骤 1 打开装配体文件** 打开 Lesson12\Case Study 文件夹下的文件"COOK _ HOUSE"。

**步骤 2 新建项目** 使用【向导】，按照表 12-1 的设置新建一个项目。

扫码看视频

表 12-1 项目设置

| 选 项 | 设 置 |
|---|---|
| 配置名称 | 使用当前的 Default |
| 项目名称 | Relative Humidity |
| 单位系统 | SI(m-kg-s)<br>在【参数】下的【负载和运动】中，将【体积流量】的单位更改为 m³/min，【温度】（在【主要参数】下方)的单位为℃ |
| 分析类型 | 内部<br>选择【物理特征】下的【重力】<br>定义【Y方向的分量】为 -9.81m/s² |
| 默认流体 | 在【气体】列表中，双击【空气】<br>勾选流动特征中的【湿度】复选框 |
| 壁面条件 | 默认值 |
| 初始条件 | 展开【湿度】列表，在【相对湿度】中输入数值60% |

单击【完成】。

**步骤 3 显示最小壁面厚度** 单击【工具】/【Flow Simulation】/【工具】/【选项】，在【常规选项】中将【显示/隐藏壁面厚度】设置为【显示】。

> 提示　默认情况下，【最小壁面厚度】选项是不显示的。为了使用该参数，需要将其激活。

**步骤 4 设置初始全局网格参数** 右键单击【全局网格】并选择【编辑定义】。设置【初始网格的级别】为4，设置【最小缝隙尺寸】为0.1m，设置【最小壁面厚度】为0.01m，如图 12-2 所示。单击【确定】✔。

**步骤 5 设置入口边界条件** 在 Flow Simulation 分析树中，右键单击【输入数据】下的【边界条件】，选择【插入边界条件】。

如图 12-3 所示，选择炉子上锅的顶面，单击【流动开口】，选择【入口体积流量】。在【热动力参数】选项组中，在【温度】中输入 100℃。在【湿度参数】选项组中，对【相对湿度】、【湿度参考压力】和【湿度参考温度】分别输入 100%、101325Pa 和 100℃。单击【确定】✔。

**步骤 6 设置出口边界条件**（1） 在 Flow Simulation 分析树中，右键单击【输入数据】下的【边界条件】，选择【插入边界条件】。

图 12-2 设置初始全局网格参数

203

选择如图 12-4 所示表面。单击【流动开口】，选择【出口体积流量】。在【流动参数】选项组中，单击【垂直于面】，并输入 $1m^3/min$。单击【确定】 ✔ 。

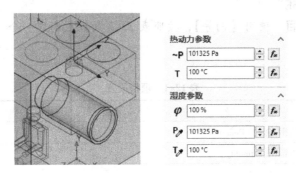

图 12-3　设置入口边界条件

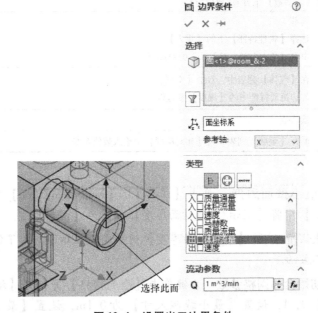

图 12-4　设置出口边界条件

**步骤7　设置出口边界条件**（2）　在靠近房间背面的另一个出口封盖的内侧表面指定一个【压力开口】/【环境压力】边界条件。

该问题可以采用默认的出口参数，其【环境压力】和【温度】分别为 101325Pa 和 20.05℃。在【湿度参数】选项组，指定【相对湿度】的数值为 35%。单击【确定】。

> **提示**　当出口附近出现回流并重新流入房间时，才需要使用【相对湿度】和【温度】参数。如果所有流动都直接通过出口排放出去，则可以忽略这些参数。

**步骤8　插入热源**　右键单击【输入数据】下的【热源】，选择【插入表面热源】。

选择直接固定在桌子顶部的三个圆周阵列体，如图 12-5 所示。在【参数】下的【换热量】中输入 1000W。单击【确定】。

**步骤9　插入表面目标**　右键单击【目标】并选择【插入表面目标】。

从 Flow Simulation 分析树中选择边界条件"环境压力 3",这将会自动加载正确的面。在【参数】选项组中,勾选【温度(流体)】的【平均值】复选框,勾选【质量流量】的【平均值】复选框。单击【确定】。

**步骤10　对带风扇的出口表面插入温度表面目标**

对"出口体积流量 2"上的面插入【温度(流体)】表面目标(取其【平均值】)。

**步骤11　对密度插入全局目标**　右键单击【输入数据】下的【目标】,选择【插入全局目标】。

在【参数】选项组中,勾选【密度(流体)】的【平均值】复选框。单击【确定】。

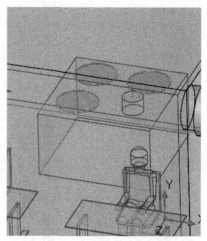

图 12-5　插入热源

**步骤12　运行项目**　请确认已经勾选【加载结果】复选框,单击【运行】。

此时可以开始运算这个仿真。由于时间关系,分析的结果已经提前计算完成,可以直接用于后处理。

**步骤13　激活配置**　激活配置 Completed。

**步骤14　加载结果**　右键单击【结果】文件夹并选择【加载】。

**步骤15　生成切面图**　为【相对湿度】生成一个切面图。使用与 Front 基准面并偏移1.0765m 的平面作为参考,如图 12-6 所示。

图 12-6　相对湿度切面图

可以观察到,人体模型周围的最大相对湿度约为 6% 。隐藏该切面图。

**步骤16　显示流动迹线**　右键单击【结果】文件夹中的【流动迹线】,选择【插入】。

从 Flow Simulation 分析树中选择边界条件"入口体积流量 1",这将为流动迹线自动选取入口表面。在【起始点】选项组中将【点数】减至 10。在【外观】选项组中,【颜色标准】选择【相对湿度】,按图 12-7 所示设置全局最大值和全局最小值。

单击【确定】✔,显示流动迹线。

205

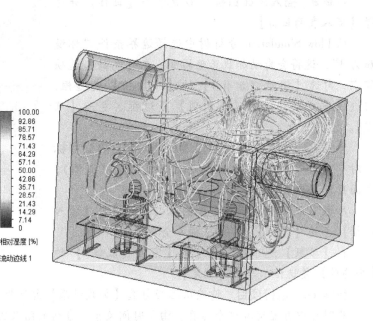

图 12-7　显示流动迹线

　　旋转视图以便用户能看清流动迹线。该迹线显示了从热排气口排放的气体进入房间，以及在房间中的混合过程。

　　**步骤17　裁剪流动迹线**　在大的模型中，用户可能需要裁剪流动迹线的区域。右键单击上一步中生成的流动迹线图，选择【编辑定义】。

　　展开【裁剪区域】选项组，编辑区域的尺寸，如图 12-8 所示。

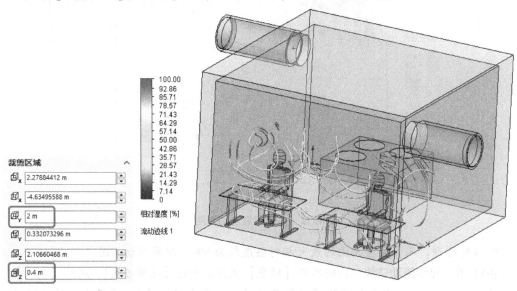

图 12-8　裁剪流动迹线

　　单击【确定】查看该图。

　　这将只显示围绕人体模型周围缩小区域的流动迹线。

## 12.4　总结

在本章中使用了相对湿度来分析烹饪房的条件。与气穴现象一样，在冷凝完全发展之前，相对湿度问题也有在计算过程中随时终止的风险。指定全局目标为平均密度以确保能够完成计算，因为密度与冷凝的相关性很强。为了查看冷凝的区域，需要使用一个【相对湿度】的切面图，还可以使用【水中的冷凝分量】来显示冷凝。

# 第 13 章 粒 子 迹 线

**学习目标**
- 向流体流中注入物理颗粒
- 使用粒子研究命令
- 查看粒子迹线结果

## 13.1 实例分析：飓风发生器

在本章中，将对注入飓风发生器装置内的粒子进行粒子研究，将在分析中应用重力，并学习指定注入的固体颗粒的类型。此外，还将设置不同的边界条件以设定粒子在模型中的移动方式。

## 13.2 项目描述

在学习飓风是如何产生时，可以使用飓风发生器作为教学工具。当阳光加热海水时，水将蒸发形成一片上升的潮湿空气云块，之后周围的冷空气被吸入云块中并产生漩涡运动。

在发生器中，顶部的 4 个灯泡将产生 100W 的热量。在发生器的底部，一个 600W 的加热器在底座上加热水以助其蒸发。四周壁面上狭缝的空气将吸入其中。由于狭缝位置的原因，紧接着会产生漩涡运动并形成飓风，如图 13-1 所示。

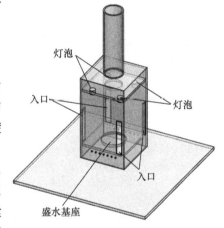

**图 13-1 飓风发生器**

在实例中将使用 Flow Simulation 中粒子迹线的功能，来显示水滴是如何从加热的基座上蒸发的。在使用粒子迹线时，还会研究所有可用的选项。

## 13.3 粒子迹线概述

依照 SOLIDWORKS Flow Simulation 中所采纳的粒子运动模型，粒子迹线是在计算完流体流动后的后处理中计算所得（针对稳态或时间相关的分析）。粒子质量和体积流量被假定为大大低于主流的数值，因此，粒子运动和温度对流体流动参数的影响可以忽略不计，而且粒子运动满足下列方程：

$$m \frac{\mathrm{d}v_p}{\mathrm{d}t} = -\frac{\rho_f \left(v_f - v_p\right)}{2} \frac{\left|v_f - v_p\right|}{} C_d A + F_g$$

式中，$m$ 为粒子质量；$t$ 为时间；$v_p$ 和 $v_f$ 分别为粒子和流体的速度（矢量）；$\rho_f$ 为流体密度；$C_d$

为粒子的阻力系数；$A$ 为粒子的正面面积；$F_g$ 为重力。

粒子被假定为特定（固体或流体）材料且质量不变的非旋转球体，可以依据 Henderson 的半经验公式来计算对应的阻力系数。如果粒子相对于承载流体的速度很慢（例如，相对速度的马赫数 $M=0$），则这个公式可以表示为

$$C_d = \frac{24}{Re} + \frac{4.12}{1+0.03Re+0.48\sqrt{Re}} + 0.38$$

其中，雷诺数（$Re$）为

$$Re = \frac{\rho_f |v_f - v_p| d}{\mu}$$

式中，$d$ 为粒子直径；$\mu$ 为流体动力黏度。

**操作步骤**

**步骤1　打开装配体文件**　打开 Lesson13\Case Study 文件夹下的文件 "hurricane _ generator"。

**步骤2　创建项目**　使用【向导】，按照表 13-1 的设置新建一个项目。

扫码看视频

表 13-1　项目设置

| 选　　项 | 设　　置 |
|---|---|
| 配置名称 | 使用当前的 Default |
| 项目名称 | hurricane |
| 单位系统 | SI( m-kg-s) |
| 分析类型 | 外部 |
| 物理特征 | 勾选【传导率】复选框<br>勾选【重力】复选框<br>定义【Y 方向分量】为 $-9.81\text{m/s}^2$ |
| 默认流体 | 在【流体】列表的【气体】栏中，双击【空气】，将其添加到项目流体中 |
| 默认固体 | 在【金属】列表中，【默认固体】应当被设置为【钛】 |
| 壁面条件 | 默认【粗糙度】设为【0μm】 |
| 初始条件 | 默认值 |

单击【完成】。

**步骤3　显示最小壁面厚度**　单击【工具】/【Flow Simulation】/【工具】/【选项】，在【常规选项】中将【显示/隐藏壁面厚度】设置为【显示】。

**步骤4　初始全局网格设置**　设置【初始网格的级别】为 3，设置【最小壁面厚度】为 0.0127m。

**步骤5　定义计算域**　在 Flow Simulation 分析树中右键单击【输入数据】下的【计算域】，选择【编辑定义】。

分别对每个条目输入表 13-2 中的数值。

表 13-2　定义计算域

| 选项 | 大小/m | 选项 | 大小/m |
|---|---|---|---|
| X最大值 | 1 | Y最小值 | -0.25 |
| X最小值 | -1 | Z最大值 | 1 |
| Y最大值 | 2 | Z最小值 | -1 |

209

> **提示** 👆 本实例极大地缩减了计算域的大小，因为只需要分析发生器内部的情况。

**步骤6 插入热源**（1） 在 Flow Simulation 分析树中，右键单击【热源】，选择【插入体积热源】。

在【选择】选项组中，【可应用体积热源的组件】选择4个"bulb"零件，如图 13-2 所示。在【热功耗】中输入 100W。

**步骤7 插入热源**（2） 重复上面的步骤，对"heater"零部件输入 600W 的热功耗，如图 13-3 所示。

图 13-2　设置体积热源（1）

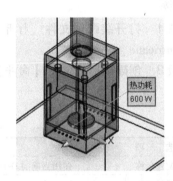

图 13-3　设置体积热源（2）

**步骤8 插入全局目标** 插入一个全局目标，以计算其【温度（流体）】的最大值。

**步骤9 组件控制** 禁用采用关联设计的 4 个"Part1"实体。这些实体是发生器入口的封盖，将在查看结果时再用到它们，并不会在分析中包含它们，如图 13-4 所示。

**步骤10 运行分析** 请确认已经勾选【加载结果】和【求解】复选框，单击【运行】。

**步骤11 生成切面图** 使用"Top Plane"作为参考，在【偏移】中输入 0.3m 并插入一幅【切面图】。

取消选择【等高线】，单击【矢量】。

在【矢量】选项组中选择【速度】，将【间距】和【最大箭头大小】分别设定为 0.03m 和 0.15m，【最小/最大箭头大小比例】设为 0.01。

单击【确定】✓，如图 13-5 所示。

可以看到发生器内部的漩涡流动，查看完毕，请隐藏切面图。

**步骤12 生成流动迹线** 从 FeatureManager 设计树中显示封盖"Part1"，使用封盖的内侧表面，生成一幅【流动迹线】图解。

图 13-4　禁用实体

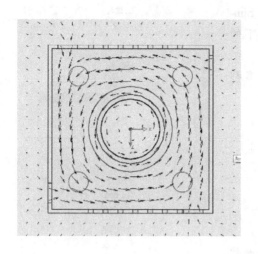

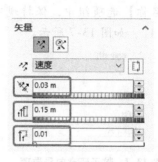

**图 13-5　切面图**

在【外观】选项组中，选择【导管】，并在【宽度】中输入 0.01m。选择【速度】。在【约束条件】选项组中，指定迹线只沿【向前】方向生成。单击【确定】 ✔️ ，如图 13-6所示。

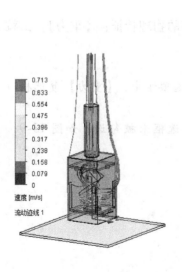

**图 13-6　流动迹线**

流动进入狭缝后开始打旋，从而形成类似飓风的云块，隐藏 "流动迹线 1" 图解。

**步骤 13 粒子研究**（1）在 Flow Simulation 分析树中，右键单击【结果】下的【粒子研究】，选择【向导】。

在【名称】选项组中，保持现有名称"粒子研究1"，如图 13-7 所示。

**图 13-7 粒子研究向导选项**

**图 13-8 设置参数**

单击【下一步】，选择加热器的顶面作为粒子将要注入发生器的位置。

在【粒子属性】下方，指定【直径】为 0.00001m，并指定粒子的材料【液体】为【水】。

在【质量流量】中输入数值 1kg/s，如图 13-8 所示。单击【下一步】。

**提示** 可以通过单击【注入】PropertyManager 底部的【更多注入】来指定其他注入的设置。

## 13.3.1 粒子研究——物理设置

【物理设置】菜单允许用户指定更多的物理特征：【重力】，由粒子引起的壁面【侵蚀】，或壁面上形成的粒子【吸积】。

**步骤 14 设置** 在【物理特征】选项组中，【重力】复选框在默认情况下都是勾选的。

保持【吸积】和【侵蚀】两个复选框未被勾选，如图 13-9 所示。

单击【下一步】。

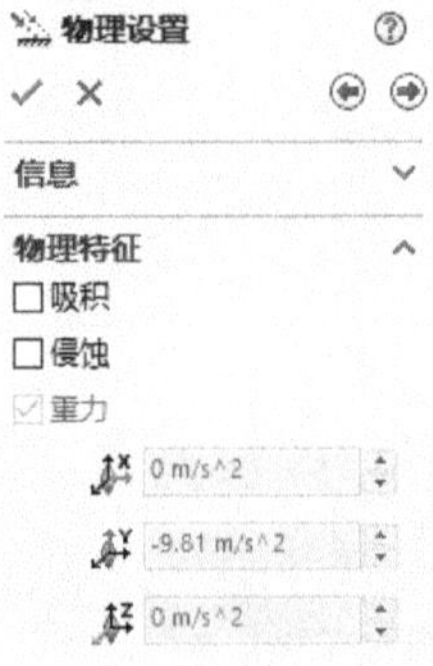

**图 13-9 物理设置**

## 13.3.2 粒子研究 ——默认壁面条件

如果粒子与壁面发生接触，【默认壁面条件】菜单可以让用户指定将会发生什么样的状况。对本章而言，将保持默认的壁面条件为【吸收】，这意味着如果粒子与壁面发生接触，则粒子将被壁面所吸附。其他的选项还允许粒子在接触壁面后【反射】回来。

　　**步骤 15　更多设置**　在【条件】选项组中，保留【吸收】选项并单击【下一步】，如图 13-10 所示。

　　保持【计算设置】属性框中所有参数为默认值，如图 13-11 所示。

　　单击【下一步】。

　　在最后的【运行】属性框中单击【运行】，如图 13-12 所示。

　　粒子研究会很快完成计算。

　　　　图 13-10　壁面条件　　　　图 13-11　计算设置　　　　图 13-12　运行

　　**步骤 16　粒子研究**（2）　在粒子研究下方，右键单击【注入 1】并选择【显示】，如图 13-13 所示。

　　**步骤 17　显示动画**　右键单击【注入 1】并选择【播放】，以动画的方式显示该粒子研究。

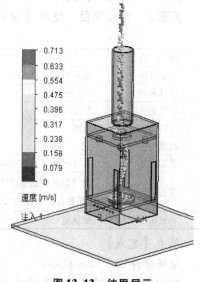

图 13-13　结果显示

## 13.4　总结

　　本章对飓风发生器中的水粒子进行了一次粒子研究。这次研究旨在帮助用户理解旋风是如何形成的，建议用户采用不同的粒子研究设置，继续进行研究。

### 练习　均匀流体流动

　　在这个练习中，将对注入均匀流场的粒子进行一次粒子研究。需要考虑重力的作用，并学习指定注入的固体粒子的类型。此外还将创建不同的边界条件，以反映粒子是如何在模型中运动的（图 13-14）。

均匀流
体流动

注入粒子

**图 13-14    注入粒子到均匀的流体流动中**

**项目描述：**

为了简化分析，本问题将以 2D（例如，选择 XY 平面作为参考）流动问题的方式进行求解。

对应的 SOLIDWORKS 简化模型如图 13-15 所示。对于仿真的对称条件而言，两组壁面都是非常理想的。通道的长度为 0.233m，高度为 0.12m，而且所有壁厚都为 0.01m。这个问题中包含均匀的流体速度 $v_{inlet}$，流体温度为 293.2K，在通道入口采用湍流带层流的边界层默认数值，在通道出口指定 1atm 的静压。采用级别 5，对这个流体流动进行计算。

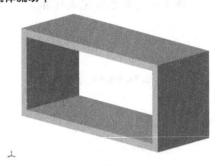

**图 13-15    SOLIDWORKS 简化模型**

## 操作步骤

**步骤1    打开零件文件**    打开 Lesson13\Exercises 文件夹下的文件"channel"。

**步骤2    创建项目**    使用【向导】，按照表 13-3 的设置新建一个项目。

**表 13-3    项目设置**

| 选　项 | 设　　置 |
|---|---|
| 配置名称 | 使用当前的 Default |
| 项目名称 | Gravity |
| 单位系统 | SI(m-kg-s) |
| 分析类型 | 内部 |
| 物理特征 | 无 |
| 默认流体 | 在【气体】列表中双击【空气】 |
| 壁面条件 | 在【默认壁面热条件】中，选择【绝热壁面】<br>【粗糙度】设定为【0μm】 |
| 初始条件 | 默认值 |

单击【完成】。

系统会弹出下面的提示：

"流体体积识别因模型当前并非水密而失败。内部任务必须具有密封的内部体积。您需要关闭开口和孔眼以使内部体积密闭。

您可以使用'创建盖'工具关闭开口。是否要打开'创建盖'工具？"

单击【否】。仿真将以 2D 的方式运行，因此无须对模型的开口使用封盖来封闭。

**步骤3    初始全局网格设置**    设置【初始网格的级别】为 5。

**步骤4    定义计算域**    在【计算域】属性框中，【类型】选择【2D 模拟】，并选择【XY 平面】。

**步骤5 设置入口边界条件** 在代表入口的 SOLIDWORKS 特征内表面，指定【垂直于面】的入口速度为 0.6m/s，如图 13-16 所示。

**步骤6 设置出口边界条件** 在通道入口速度另一侧的内表面，指定【静压】的边界条件，如图 13-17 所示。接受默认的环境参数。

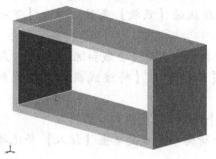

图13-16 设置入口边界条件

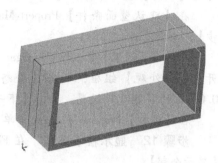

图13-17 设置出口边界条件

● **理想壁面** 理想壁面的条件是允许用户指定一个绝热的、光滑的壁面边界条件，而不是默认的流体带摩擦壁面。如果条件合适，用户还可以将理想壁面的条件应用到流动的对称平面上，这有助于减少计算资源。

**步骤7 选择理想壁面条件的面** 选择挡板的顶面和底面，可以使用 < Ctrl > 键同时选择这两个面。

右键单击【边界条件】，选择【插入边界条件】。

在【类型】选项组中，单击【壁面】 并选择【理想壁面】，如图 13-18 所示。

单击【确定】。

**步骤8 设置工程目标** 在用于定义速度边界条件的入口表面，对其静压的平均值指定一个表面目标。

**步骤9 运行分析**

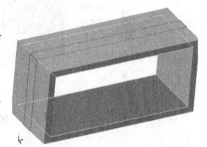

图13-18 选择壁面

**步骤10 使用一次注入来创建粒子研究** 在 Flow Simulation 分析树中，右键单击【结果】下的【粒子研究】，选择【向导】。

在第一个 PropertyManager 中保持默认的名称"粒子研究1"。单击【下一步】，定义第一个注入。

在【注入1】PropertyManager 中，单击【起始点】选项组中的【坐标】，输入注入的坐标：0m、0m、0m。单击【添加点】，将点添加到列表中。

在【粒子属性】选项组中，指定粒子的【直径】为 0.001m，【材料】为【铁】，【质量流量】为 1kg/s。【初始粒子温度】选择【相对】，设为 0K。并按照下面的数值指定【绝对】初始速度：

X 方向的速度 = 0.6m/s。

Y 方向的速度 = 1.2m/s。

Z 方向的速度 ＝0m/s。

单击【下一步】。

**步骤11　设置粒子研究的边界条件和物理特征**　在【物理设置】PropertyManager 中，勾选【重力】复选框并在【Y方向重力】中输入 −9.81m/s²。单击【下一步】。

在【默认壁面条件】PropertyManager 中，保持默认的【吸收】条件。单击【下一步】。

在【计算设置】PropertyManager 中，在【结果保存】中选择【迹线和统计数据】，展开【默认外观】组框，单击【静态迹线】，保持【球】作为【将迹线画为】设置和 0.005m 的【宽度】设置。单击【下一步】。

在【运行】PropertyManager 中单击【运行】。这个计算会很快得到结果。

**步骤12　显示粒子迹线**　在 Flow Simulation 分析树中，右键单击【注入】并选择【显示全部】。

用户还可以从 Flow Simulation 分析树中右键单击【注入1】，选择【显示】来查看粒子迹线，如图 13-19 所示。

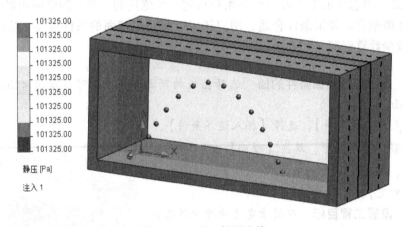

图 13-19　显示粒子迹线

> **提示**　用户可以对"粒子研究1"进行，【编辑定义】关闭重力选项再重新运行这个粒子研究，以查看关闭重力选项对结果的影响。用户还可以退回使用不同的材料、直径和（或）速度来观察这些影响。

如果有时间，请尝试以下三种组合：

- 空气的流动速度 $v_{inlet}$ ＝0.002m/s，金粒子的直径 $d$ ＝0.5mm，垂直于壁面的注入速度为 0.002m/s。
- 水流速度 $v_{inlet}$ ＝10m/s，铁粒子的直径 $d$ ＝1cm，垂直于壁面的注入速度分别为 1m/s、2m/s 和 3m/s。
- Y 方向引力场的粒子迹线（重力加速度 $g_y$ ＝ −9.81m/s²，空气的流动速度 $v_{inlet}$ ＝0.6m/s，铁粒子的直径 $d$ ＝1cm，以 1.34m/s 的速度相对壁面成 63.44° 的角度注入）。

216

# 第 14 章　超声速流动

**学习目标**

- 创建一个外部超声速流动分析
- 对超声速流动使用求解自适应网格特征
- 生成马赫数的等高线图解

## 14.1　超声速流动概述

当流体流动的速度快于声速时，就认为流动是超声速的。在亚声速流动中，流体会对扰动做出反应，因为压差在扰动处开始发展并向下游传播，致使来流在扰动的作用下做出反应和变化。然而在超声速流动中，这些压差不会向上游发展，因为流体流动的速度实在太快了。因此，下游的扰动不会对来流产生影响。当流体流经扰动区时，流动属性将发生剧烈变化，这就是众所周知的激波。

## 14.2　实例分析：圆锥体

正如预测的一样，超声速流动和亚声速流动的表现有很大的不同。在本章中，将进行一次空气绕部分圆锥体的外部超声速流动分析（图 14-1）。与在前面章节中做过的一样，这里也将采用对称的条件来简化模型。自适应的网格划分技术也将被采用，来确保在产生激波的区域得到高质量的结果，另外还会使用工程目标来计算实体的风阻系数。

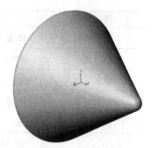

**图 14-1　圆锥体**

## 14.3　项目描述

研究的圆锥体尺寸如图 14-2 所示，绕着该实体流动的马赫数为 1.7，静压为 1atm，温度为 660.2K，湍流强度为 1%。这些流动条件对应的雷诺数为 $1.7 \times 10^6$（基于实体正前面的直径计算）。

为了压缩计算域，在这个分析中将使用 $Z = 0$ 的流动对称基准面。此外，还将指定 $Y = 0$ 的对称基准面。

### 14.3.1　风阻系数

水平的气动风阻系数将采用下面的阻力方程式进行定义

$$C_t = \frac{F_t}{\dfrac{\rho U^2 S}{2}}$$

式中，$F_t$ 为在 $t$ 方向上作用在实体上的气动阻力；$U^2/2$ 为来流动力头；$S$ 为实体正面横截面

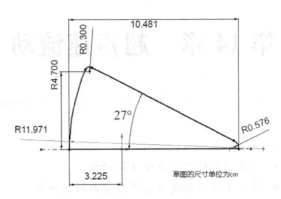

图 14-2    圆锥体尺寸

（垂直于实体的轴线）的面积。

在本章稍后部分定义流体仿真中的【方程目标】时，将使用水平的气动风阻系数方程式。

## 操作步骤

**步骤 1    打开零件**    打开 Lesson14＼Case Study 文件夹下的文件 "cone"，确认当前激活的配置为 Default。

**步骤 2    新建项目**    使用【向导】，按照表 14-1 的设置新建一个项目。

扫码看视频

表 14-1    项目设置

| 选　　项 | 设　　置 |
|---|---|
| 配置名称 | 使用当前的 Default |
| 项目名称 | 000 dg |
| 单位系统 | SI（m-kg-s） |
| 分析类型 | 外部 |
| 物理特征 | 无 |
| 默认流体 | 在【气体】列表中双击【空气】<br>在【流动特征】下方，勾选【高马赫数流动】复选框 |
| 壁面条件 | 在【默认壁面热条件】列表中，选择【绝热壁面】<br>在【粗糙度】中输入【0μm】 |
| 初始条件和环境条件 | 在【热动力参数】下的【温度】框中，输入 660.2K<br>在【速度参数】下的【参数】列表中，选择【马赫数】，在【定义标准】中选择【3D 矢量】<br>在【X 方向的马赫数】中输入 1.7，在【Y 方向的马赫数】中输入 0，在【Z 方向的马赫数】中输入 0<br>在【湍流参数】下方，将【湍流强度】的值改为 1% |

单击【完成】。

**步骤 3    初始全局网格设置**    设置【初始网格的级别】为 5。

**步骤 4    设定计算域**    在 Flow Simulation 分析树中右键单击【输入数据】下的【计算域】，选择【编辑定义】。

计算域可以压缩为圆锥体的 1/4，以降低求解的规模并缩短求解的时间。

在【Y最小值】和【Z最小值】位置指定【对称】条件。

对计算域指定见表 14-2 的尺寸。

表 14-2　设定计算域

| 选项 | 大小/m | 选项 | 大小/m |
| --- | --- | --- | --- |
| X最大值 | 0.4 | Y最小值 | 0 |
| X最小值 | −0.15 | Z最大值 | 0.25 |
| Y最大值 | 0.25 | Z最小值 | 0 |

单击【确定】。

**步骤 5　设置计算控制选项**　在 Flow Simulation 分析树中，右键单击【输入数据】并选择【计算控制选项】。

单击【细化】选项卡，设置【全局域】细化级别为 1。在【细化设置】下方，选择【近似最大网格】复选框并输入数值 350000。设置【细化策略】为【周期性】。保持其余参数为默认值不变。单击【完成】选项卡。在【结束条件】下方，选择【细化】复选框并将数值设置为 1。单击【确定】。

**步骤 6　插入工程目标**　在 Flow Simulation 分析树中右键单击【目标】，选择【插入全局目标】。

在【参数】列表中，勾选【力（X）】对应的复选框。

单击【确定】。

**步骤 7　插入方程目标**　在 Flow Simulation 分析树中，右键单击【目标】并选择【插入方程目标】。

使用方程目标窗口中的按键，对水平方向的气动风阻系数输入下面的方程式：

4 * {GG 力(X)1}/1.7^2/1.399 * 2/101325/3.14159 * 4/0.1^2。

在【量纲】列表中，选择【无单位】。

确认不要勾选【用于控制目标收敛】复选框，如图 14-3 所示。

图 14-3　插入方程目标

单击【确定】。

**步骤 8　重命名该方程目标为** $C_d$

**步骤 9　运行项目**　请确认已经勾选了【加载结果】复选框，单击【运行】。在 3.6GHz Intel Xeon E5 的计算机上，分析的运算时间约为 7min。

**步骤 10　生成切面图**　右键单击【切面图】，然后选择【插入】。

在【选择】选项组中，确认选择了"Plane 1"。在【显示】选项组中选择【等高线】和【矢量】。在【参数】中指定【马赫数】并将【级别数】调至 100。调整绘图的限值为显示最大值和最小值。

单击【确定】，生成马赫数切面图，如图 14-4 所示。

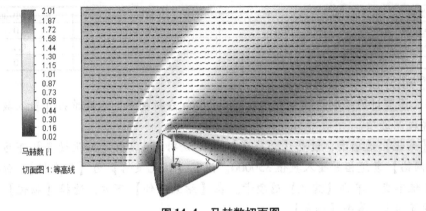

图 14-4    马赫数切面图

### 14.3.2    激波

在前面提到过，当流动属性由于扰动的存在而发生强烈变化时就会出现激波。可以看到，在这个例子中出现的激波包含两个部分。第一，在垂直于流动的方向存在一个弓形激波，弓形激波的存在会极大地增加流体的阻力。第二，沿着圆锥体的边界可以看到斜激波的传播，因为流动是沿边界行进的。由于超声速流动突然遇到一个凸角，将在斜激波之后进一步加速流动的区域看到膨胀波的膨胀扇区（通常称为 Prandtl-Meyer 膨胀扇区），还会观察到穿过实体的亚声速尾流区，如图 14-5 所示。

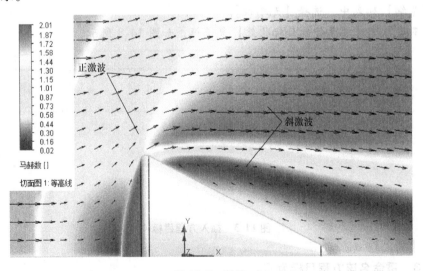

图 14-5    激波

**步骤 11    查看带网格的切面图**    右键单击【切面图 1】并选择【编辑定义】。在【显示】选项组中，单击【网格】，取消选择【等高线】和【矢量】。

单击【确定】，如图 14-6 所示。

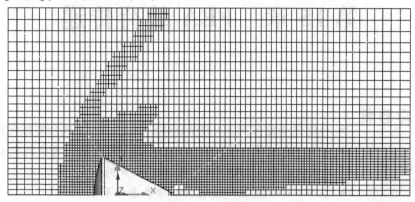

图 14-6　网格切面图

**步骤 12　生成目标图**　在 Flow Simulation 分析树中，右键单击【结果】下的【目标图】，然后选择【插入】。

在【目标】属性框中，勾选【全部】复选框。单击【导出到 Excel】。

力的 X 分量【GG 力（X）1】和阻力（Cd）的方程式目标都将显示在其中，如图 14-7 所示。

## Cone assembly.SLDASM [000 dg [Default]]

| 目标名称 | 单位 | 数值 | 平均值 | 最小值 | 最大值 | 进度 [%] | 用于收敛 | 增量 | 标准 |
|---|---|---|---|---|---|---|---|---|---|
| GG 力（X）1 | [N] | 600.5293676 | 600.1898954 | 599.8355482 | 600.5293676 | 100 | 是 | 0.693819489 | 15.16210853 |
| Cd | [ ] | 1.493146956 | 1.492302898 | 1.491421854 | 1.493146956 | 100 | 是 | 0.001725102 | 0.037698833 |

迭代次数 [ ]: 2660
分析间隔: 705

图 14-7　插入目标图到 Excel

## 14.4　讨论

在本章中使用了圆锥体来设计一种交通工具，该工具必须能够承受重返地球大气层的恶劣条件。然而也必须指明，该模型并不是为了仿真这种情况。重返地球大气层类型的分析要求更高马赫数的流动，通常将其归为高超声速流动（马赫数 >5）的范畴。在这类流动中，流动中的流体属性还将发生进一步的物理变化（如电离、分子分解等）。SOLIDWORKS Flow Simulation 不具备模拟这些效果的能力。

## 14.5　总结

本章研究了通过圆锥体的超声速流动，使用了对称的条件来简化分析。此外，还使用了自动网格细化技术来确保高质量的结果，仿真的结果中捕捉到了正激波和斜激波，最后还使用了切面图进行结果分析。

# 第15章 FEA 载荷传递

**学习目标**
- 传递流动结果到 SOLIDWORKS Simulation 中进行有限元分析
- 使用 SOLIDWORKS Flow Simulation 的结果作为输入的边界条件来创建 SOLIDWORKS Simulation 算例
- 在 SOLIDWORKS Simulation 中查看结果

## 15.1 实例分析: 广告牌

在本章中, 将演示如何将 SOLIDWORKS Flow Simulation 的数据传递到 SOLIDWORKS Simulation 中进行有限元静应力分析。首先建立并运算一次流体仿真, 然后将其结果作为 SOLIDWORKS Simulation 的加载条件。

## 15.2 项目描述

图 15-1 所示的广告牌承受大风的风速为 40m/s, 使用 Flow Simulation 求得迎风面的作用力, 将计算所得结果输出到 SOLIDWORKS Simulation 中, 进而求解模型的最大应力。

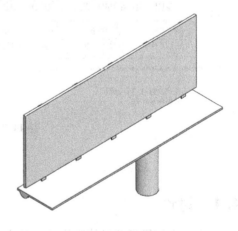

图 15-1 广告牌

扫码看视频

**操作步骤**

**步骤1 打开装配体文件** 打开 Lesson15\Case Study 文件夹下的文件 "Billboard"。

**步骤2 新建项目** 使用【向导】, 按照表 15-1 的设置新建一个项目。

表 15-1 项目设置

| 选 项 | 设 置 |
| --- | --- |
| 配置名称 | 使用当前的 Default |
| 项目名称 | Billboard |

(续)

| 选 项 | 设 置 |
|---|---|
| 单位系统 | SI（m-kg-s） |
| 分析类型 | 外部，并勾选【排除不具备流动条件的腔】复选框 |
| 默认流体 | 空气 |
| 壁面条件 | 默认值 |
| 初始条件和环境条件 | 设置【X方向的速度】为 −40m/s（使用负数是因为坐标系的方向相对于模型而定） |

单击【完成】。

**步骤3　初始全局网格设置**　保持【初始网格的级别】为3，设置【最小缝隙尺寸】为 0.3m，设置【最小壁面厚度】为 0.05m。

**步骤4　设定计算域**　选择【大小和条件】选项卡并输入表 15-2 中的数值。

**表 15-2　设定计算域**

| 选项 | 大小/m | 选项 | 大小/m |
|---|---|---|---|
| X$_{最大值}$ | 30.5 | Y$_{最小值}$ | 0 |
| X$_{最小值}$ | −30.5 | Z$_{最大值}$ | 30.5 |
| Y$_{最大值}$ | 26 | Z$_{最小值}$ | −24 |

**步骤5　生成表面目标**　对所选面采用【力（X）】参数并【用于控制目标收敛】，插入一个【表面目标】，如图 15-2 所示。

**步骤6　运行项目**

**步骤7　生成速度切面图**　使用流体的【矢量】和【等高线】生成一幅【速度】的切面图。选用 Front Plane 并将偏移值设定为 6m，速度切面图如图 15-3 所示。

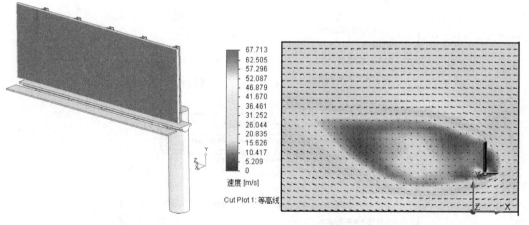

图 15-2　生成表面目标　　　　　图 15-3　速度切面图

**步骤8　查看表面目标**　使用表面目标查看表面上的力。

**步骤9　将结果导出到 Simulation**　从【工具】/【Flow Simulation】菜单中，选择【工具】/【将结果导出到 Simulation】。

**步骤 10 定义 SOLIDWORKS Simulation 算例** 从【Simulation】菜单中选择【算例】，将算例的名称命名为"Wind effects"，如图 15-4 所示。在【类型】选项组中，选择【静应力分析】。单击【确定】✔。

在 FeatureManager 的底部将出现 Simulation 分析树。

提示    在定义 SOLIDWORKS Simulation 算例之前，需要先加载 SOLIDWORKS Simulation 插件。

**步骤 11 应用材料属性** 在 Simulation 分析树中右键单击【零件】文件夹，选择【应用材料到所有】。

在铝合金目录下方选择 2024 合金。单击【应用】。单击【关闭】，退出该窗口。

**步骤 12 从 SOLIDWORKS Flow Simulation 输入载荷** 在 Simulation 分析树中右键单击"Wind effects"算例，选择【属性】。

单击【流动/热力效应】选项卡，在【液压选项】选项组中，勾选【包括 SOLID-WORKS Flow Simulation 中的液压效应】复选框，如图 15-5 所示。

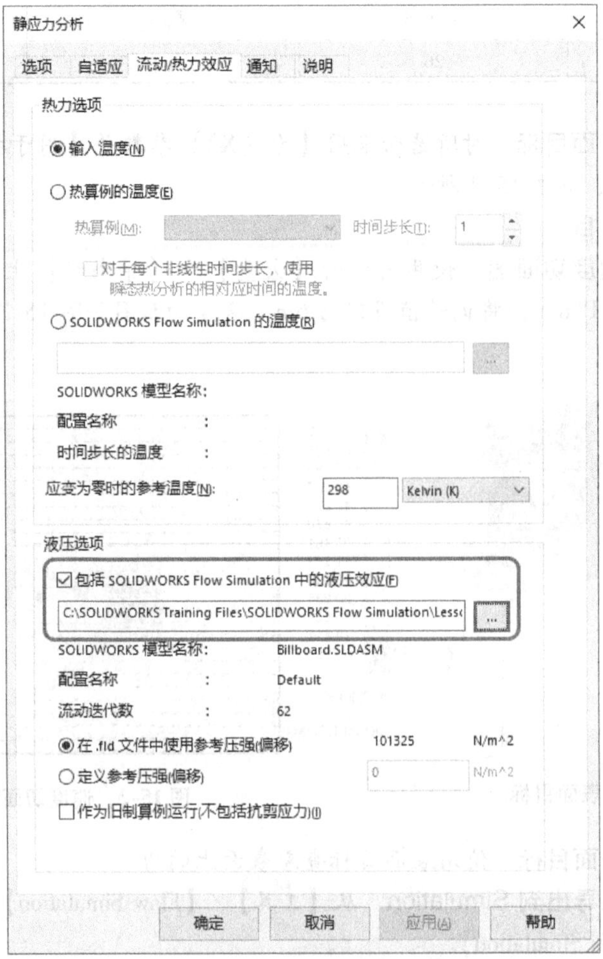

图 15-4 定义算例

图 15-5 输入载荷

单击空白地址栏旁的【浏览】▒▒▒，选择 SOLIDWORKS Flow Simulation 的结果文件，
单击【打开】。

确保【在 .fld 文件中使用参考压强（偏移）101325N/m²】呈选中状态。

> 提示　　参考压强是从 Flow Simulation 获得，它的数值一般等于大气压强
> 101325Pa。使用【在 .fld 文件中使用参考压强（偏移）101325N/m²】选项
> 可以使用不同的数值。

单击【确定】。

**步骤13　创建固定约束**　在 Simulation 分析树中右键
单击【夹具】，选择【固定几何体】。选择广告牌基座的底
面，添加一个【固定几何体】的约束，如图 15-6 所示。
单击【确定】。

**步骤14　生成网格**　在 Simulation 分析树中右键单击
【网格】并选择【生成网格】。使用默认的网格设置并单击
【确定】。

**步骤15　运行分析**　在 Simulation 分析树中右键单击
"Wind effects" 并选择【运行】。

**步骤16　查看应力图**　为了查看结果，请展开【结
果】文件夹并双击【应力 1】，应力图如图 15-7 所示。

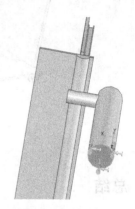

图 15-6　创建固定约束

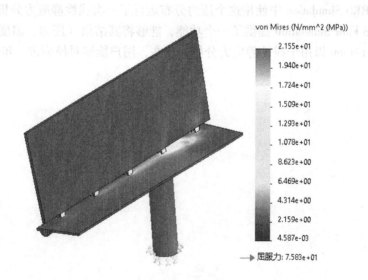

图 15-7　查看应力图

**步骤17　查看动画**　右键单击【应力 1】并选择【动画】，单击【播放】，查看模型
的动画显示。完成后单击【确定】。

**步骤18　查看位移图**　为了查看模型的位移，在【结果】文件夹下双击【位移 1】，
如图 15-8 所示。

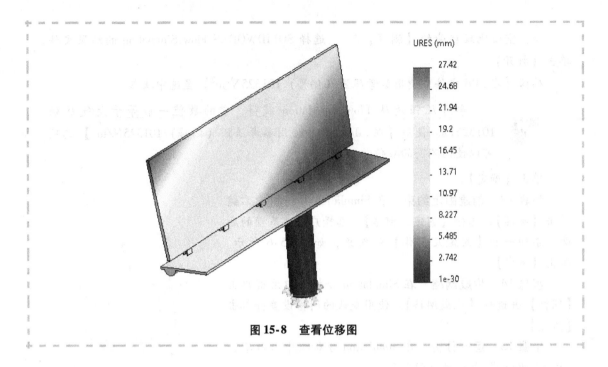

图 15-8　查看位移图

## 15.3　总结

在本章中使用了 SOLIDWORKS Flow Simulation 来求解一个广告牌在风力作用下的压力分布，之后在 SOLIDWORKS Simulation 中使用这个压力分布运行了一次线性静应力分析，研究其结构响应。SOLIDWORKS Flow Simulation 提供了一个功能，能够将其结果（压力、温度、对流）输出到 SOLIDWORKS Simulation 以用于线性静应力分析。现在，用户能够对模型进一步评估。